"GRAVEDAD CUÁNTICA" Y "TEORÍA M / DE CUERDAS"

(¿Por qué requiere ésta más "dimensiones", y qué pueden significar?)

INTRODUCCIÓN

Los físicos han descubierto 4 fuerzas fundamentales que rigen las interacciones entre las "partículas elementales".

Estas son la "gravedad", el "electromagnetismo", y los dos tipos de fuerza nuclear: la "interacción fuerte" y la "interacción débil".

Parece lógico que el Universo debería regirse por un conjunto unificado de leyes, y por tanto ser descrito por una teoría única, y en ella las 4 fuerzas se podrían considerar como diferentes manifestaciones de una sola fuerza; hay fuertes indicios de que es así.

Hasta ahora, se considera que se ha obtenido, lo que podríamos llamar un "éxito parcial", en unificar 3 de ellas, como se explica a continuación, pero la "gravedad", aunque algunos enfoques sostienen que ya se puede considerar incluida en una misma teoría con las otras 3 (La teoría M / de cuerdas), no se considera unificada a satisfacción de todos, y muchos científicos investigan otras propuestas; si la unificación que se busca se obtiene finalmente, tal vez incluya ingredientes de muchos de los diversos enfoques.

Desarrollaremos a continuación una explicación más amplia de este interesante tema. (Al final del libro se incluye una explicación de su desarrollo histórico, y sus conceptos fundamentales, con el fin de proporcionar una base que permita entender con claridad el tema del libro, junto con sugerencias para lecturas adicionales, para los que deseen profundizar más en lo que aquí se trata.)

LA UNIFICACIÓN DE LAS FUERZAS

La mecánica cuántica se ha conseguido fusionar con la relatividad especial en lo que se conoce como "electrodinámica cuántica". En el espacio cuatridimensional de la relatividad son posibles más "giros" o "transformaciones" que en el tridimensional. Esto da lugar a más niveles de energía; concretamente aparecen los valores que se necesitan para incluir el desdoblamiento de niveles de energía debido al espín del electrón. El "espín" del electrón aparece así automáticamente en la teoría cuántica relativista. Otra consecuencia de esa ampliación de la "geometría" es la predicción de la antipartícula del electrón (el positrón, o electrón positivo). Las antipartículas han sido detectadas posteriormente y forman la antimateria. Si se junta materia con antimateria ambas desaparecen y se convierten en energía pura (fotones). Además esta descripción unificada de las interacciones entre electrones y fotones, teniendo en cuenta tanto la relatividad especial como la teoría cuántica, hace necesario un cambio de signo clave, que conduce a que los electrones cumplan el "principio de exclusión", que Pauli había introducido para explicar la Tabla periódica; en la fórmula relativista que relaciona la energía con el momento, la energía aparece elevada al cuadrado, de modo que al efectuar la raíz cuadrada da dos valores posibles, uno positivo y otro negativo; pero en la teoría cuántica hay que incluir en la "función de onda" todas las maneras en que puede ocurrir un proceso, de modo que se incluyen todas las permutaciones entre partículas, permitiendo la teoría , que al hacer los intercambios el signo cambie o permanezca igual; en el caso de partículas de espín semientero, como el electrón, hay cambio de signo y eso garantiza que la energía sea siempre positiva, y también que en la "función de onda" no pueda haber dos electrones con los mismos números cuánticos, o sea, en el mismo estado energético, cumpliéndose así el principio de exclusión. De modo que aspectos como el espín y el principio de exclusión, que se introdujeron fundamentalmente para concordar con la evidencia experimental, de alguna manera parecen surgir como consecuencia de que las leyes relativistas y cuánticas deben ir juntas.

El concepto de "campo cuántico"

La teoría de la relatividad, como veremos después, es una consecuencia lógica de la teoría del campo electromagnético. Al fusionarla con la teoría cuántica hace que esta adopte la forma de una teoría de campos, pero con las restricciones que imponen los principios cuánticos. De modo que se habla de "campos cuánticos". Cada campo lleva asociado un cuanto. Por ejemplo, el fotón es el cuanto del campo electromagnético; el electrón es el cuanto del campo de materia del electrón, y así para todas las demás partículas. La estructura de cada campo viene determinada por la estructura matemática que lo describe, llamada "espinor". Cuando hablamos de "partícula" o de "campo cuántico", no podemos separar los dos conceptos, sino que están íntimamente unidos en el conjunto matemático denominado "espinor", que contiene los datos necesarios para calcular las probabilidades de hallar los valores de las diferentes variables o manifestaciones energéticas de cada "partícula cuántica".

Las fuerzas nucleares

El peso atómico de muchos elementos no se podía explicar solo con el número de protones que había en el núcleo de sus átomos. Por lo tanto se dedujo que debería existir en el núcleo una partícula que no contribuye a la carga eléctrica, pero sí contribuye al peso. Se la llamó "neutrón" (por ser eléctricamente neutra). En los núcleos con más de un protón (todos excepto el hidrógeno), la repulsión eléctrica debería hacer que las cargas del mismo signo se separasen con una fuerza considerable. ¿Cómo pues pueden permanecer unidos en el núcleo los protones cargados positivamente?. Eso prueba que debe existir una nueva fuerza, además de las que hemos considerado hasta ahora (gravedad y electromagnetismo). Esa fuerza debe ser mucho más intensa que la fuerza eléctrica y actuar entre protones y neutrones. Sin embargo su alcance debe ser muy corto (de las dimensiones del núcleo atómico), de modo que cuando dos protones se separan más allá de su alcance, predomina la repulsión eléctrica. El neutrón, que participa en la interacción fuerte, pero es eléctricamente neutro, sin duda contribuye a la estabilidad del núcleo. Pero en los elementos más pesados, los núcleos contienen muchos protones. La distancia entre algunos de ellos rebasa el alcance de la fuerza nuclear fuerte, y la repulsión eléctrica gana; el núcleo por lo tanto emite partículas al exterior. Esa es parte de la explicación de que los elementos más pesados de la tabla periódica sean radiactivos, y de que el número de elementos posibles con núcleos estables esté limitado (eso explica el número de elementos de la tabla periódica). Se descubrió además que para explicar un tipo de desintegración radiactiva (la desintegración beta), había que apelar a otro tipo de fuerza nuclear. A la interacción entre "partículas" debida a esta otra fuerza se le llama "interacción débil". Hay pues cuatro fuerzas conocidas en el Universo: gravedad, electromagnetismo, nuclear fuerte y nuclear débil.

Física de partículas

Los experimentos a mayores energías que se hacían en grandes aceleradores de partículas, hicieron aparecer una gran cantidad de nuevas "partículas". Como se había hecho con los elementos de la tabla periódica, estas se fueron clasificando según sus propiedades, y así, como ocurrió con la tabla periódica, se fue descubriendo un orden subyacente fundamental, que tal vez podría explicar las propiedades de todas las partículas conocidas. Los protones, neutrones y otras partículas pesadas, por ejemplo, se podían considerar como diferentes combinaciones de unas entidades más fundamentales llamadas "quarks" (El nombre lo tomó el físico Murray Gell-Mann de una novela de James Joyce, "Finnegan´s wake", en la que el escritor hace juegos de palabras; en un lugar de esta obra aparece la expresión: "three quarks for muster Mark!"). Los quarks no se pueden observar por separado porque están fuertemente unidos por unos campos cuánticos cuyos cuantos se denominan gluones (del inglés "glue": pegamento o cola).

La unificación de las fuerzas

La unificación que supuso la teoría de Maxwell del campo electromagnético, es un ejemplo de la importancia de los principios de simetría en física. Supongamos que solo conociéramos la existencia del campo eléctrico. Podemos imaginar una distribución de cargas eléctricas en un determinado lugar. Entre ellas existirán fuerzas debidas al campo eléctrico. Podemos describir numéricamente la intensidad de esas fuerzas entre los diferentes puntos donde se encuentran las cargas. Ahora supongamos que incrementamos el potencial eléctrico en la misma cantidad en todos los puntos, añadiendo más cargas en cada punto, la misma cantidad de ellas. La intensidad de la fuerza, entre los diferentes puntos, será la misma, puesto que dicha intensidad se debe, no al potencial en sí mismo, sino a la diferencia de potencial entre los diferentes puntos cargados. Podemos decir que la intensidad de la fuerza eléctrica es invariante ante cambios globales del potencial eléctrico. Pero ¿qué ocurre si en vez de un cambio global del potencial eléctrico, hacemos un cambio local, es decir, cambiamos el potencial solo en algunos puntos pero no en otros?; si solo existiera el campo eléctrico la invariancia no se mantendría: Pero, según la teoría de Maxwell, los cambios locales del potencial equivalen a mover las cargas de unos puntos a otros; para hacer cambios locales de potencial, tenemos que mover las cargas, y al hacerlo se genera un campo magnético, de manera que la disminución del potencial eléctrico en un lugar, es compensada por el aumento del potencial magnético, de manera que las ecuaciones de Maxwell se mantienen invariantes, aún bajo cambios locales del potencial. A esta invariancia se le llama "invariancia de calibrado", o "invariancia de contraste" (porque "contrastar" tiene el mismo sentido que "calibrar" o "medir": para medir algo lo comparamos o contrastamos con la "unidad de medida" que usemos; a veces se usa simplemente el término inglés sin traducir "gauge", que aplicaba a cierto instrumento de calibración); el campo magnético actúa así como un "campo compensador"; si pensamos en un sistema de cargas eléctricas en movimiento, el sistema contiene también, en todo momento, las correspondientes variaciones de potencial magnético generadas por el movimiento de las cargas; debido a eso, aunque los potenciales estén cambiando en cada punto, la suma total (potencial eléctrico + potencial magnético, del sistema entero, permanece constante); es parecido a lo que ocurre en mecánica entre energía cinética y energía potencial. Los físicos dicen que la existencia del campo electromagnético, unificado por su íntima relación expresada en las ecuaciones de Maxwell, es la manera que tiene la naturaleza de mantener una determinada simetría. Tal vez el origen de los demás campos también se deba a la necesidad de mantener ciertas simetrías. Esta pudiera ser una clave importante; si investigamos las leyes de conservación, las invariancias y las simetrías que se cumplen en el mundo de las partículas subatómicas, tal vez se puedan describir todas con una sola teoría unificada. Las simetrías se estudian con ayuda de una rama de las matemáticas conocida como teoría de grupos. La teoría de quarks fue un avance importante para entender la interacción fuerte. Todas las posibles combinaciones e interacciones de la teoría se describen por medio del grupo denominado SU (3), grupo especial de matrices unitarias unimodulares

3 x 3; el grupo determina todos los intercambios, transformaciones y simetrías que se dan en la interacción fuerte. Para hacernos una idea, retornemos al ejemplo más sencillo del electromagnetismo cuántico, donde interaccionan dos tipos de "partículas" o "campos cuánticos", el electrón y el fotón. La transición de un estado energético a otro, del electrón, se realiza mediante la absorción o emisión de un fotón de frecuencia determinada. La interacción fuerte funciona de manera semejante, aunque algo más complicada; en electrodinámica cuántica solo intervienen dos campos, electrón y fotón. En cromodinámica cuántica (que es como se llama la teoría que describe la interacción fuerte), intervienen unas cuantas variedades de quarks y gluones, por lo que son posibles más intercambios y más interacciones. El designar a los quarks por colores es solo una forma de diferenciarlos y de ahí viene

la expresión cromodinámica cuántica. No significa que los quarks tengan realmente color. Vemos que unas partículas se transforman en otras, emitiendo o absorbiendo el intermediario adecuado. Aunque cambian las identidades de las partículas, la suma total de energía, carga y otras propiedades que se conservan, permanece constante, de acuerdo con las correspondientes leyes de conservación; se podría considerar que hay solo una gran superpartícula que es "girada" o "rotada" a diferentes estados, por medio de hacer las transformaciones necesarias, aplicando las matrices adecuadas y sus correspondientes operaciones matemáticas; como ocurría con el campo electromagnético, los cambios de valores en un lugar, se compensan con cambios correspondientes en otros. Se podría considerar que todas las partículas conocidas son diferentes manifestaciones de una misma entidad, cuyas características (como carga, masa, espín y otras) pueden tomar diferentes valores. A su vez se han formulado teorías que intentan unir en un solo esquema las interacciones fuerte y electrodébil. A estas teorías se las llama GUT (teorías de gran unificación).

Unificación electrodébil

La parte de esta teoría que unifica la interacción débil y el electromagnetismo, ya ha sido confirmada por el experimento, al hallarse las partículas mediadoras predichas.

Cromodinámica cuántica

Está representada por el grupo SU (3), grupo especial de matrices unitarias unimodulares 3 x 3; Se considera la teoría correcta de las interacciones fuertes. Al incluir todas las combinaciones posibles de quarks, la teoría predijo nuevas partículas que fueron halladas.

Las GUT y el modelo estándar

Algunas teorías de gran unificación, o GUT que se propusieron en el pasado no han obtenido confirmación experimental; los físicos describen las fuerzas fuerte, débil y electromagnética, con el llamado "modelo estándar", que es simplemente el producto de los tres grupos SU (3) x SU (2) x U (1); las matrices del primero nos dan los elementos que explican la interacción fuerte, el otro la débil y el otro la electromagnética; los elementos del grupo producto de dos grupos son simplemente parejas de elementos, uno de cada grupo; así el producto de grupos del modelo estándar nos da las diferentes partículas y campos mediadores de la interacción fuerte, y por cada uno de ellos, las parejas que forman con el grupo de la interacción débil, y por cada una, las posibles asociaciones con los elementos del grupo que define el electromagnetismo.

Gravedad cuántica, supersimetría, supergravedad y supercuerdas

Ya hemos visto que la gravedad fue probablemente la primera fuerza que se estudió matemáticamente. Hubo un tiempo pues en qué parecía la mejor comprendida.

Sin embargo, con el desarrollo de la teoría cuántica, los físicos consiguieron describir con exactitud las otras tres fuerzas (electromagnetismo, nuclear fuerte y nuclear débil). Pero, curiosamente, los intentos por incluir la gravedad en una sola descripción unificada con las otras fuerzas, han presentado mucha dificultad, y el asunto no se considera resuelto aún. La mejor teoría que tenemos sobre la gravedad se ha resistido tenazmente a fusionarse con la teoría cuántica.

Dicho de otra manera, todo intento de cuantizar la gravedad conducía a absurdos matemáticos, como la aparición de cantidades infinitas y cosas así. Encontrar la teoría correcta de la gravedad cuántica se ha convertido en uno de los mayores retos de la física moderna. En lo que se conoce como "Gravedad cuántica canónica", se descubrió pronto que esto resultaba difícil, debido a las importantes diferencias que hay entre las matemáticas de la relatividad general y la mecánica cuántica; la gravedad surge en la relatividad general, como una consecuencia de la curvatura del espacio-tiempo; en mecánica cuántica, por otro lado, las partículas y las fuerzas se rigen por la ecuación de Schrödinger; hay una ecuación de Schrödinger independiente del tiempo para "ondas estacionarias", pero hay otra dependiente del tiempo, para la evolución de las partículas libres, no confinadas en el interior del átomo. Uno de los problemas principales, conocido como "el problema del tiempo", tiene que ver con la manera tan diferente en que se comporta el "tiempo" en estas dos teorías: La ecuación de Schrödinger dependiente del tiempo, necesita, para definir cómo evolucionan las partículas (ondas) a lo largo del tiempo, incluir la derivación con respecto al tiempo (d/ dt), pero aquí el tiempo t, es el mismo que se utiliza en la mecánica clásica. En cambio en la relatividad general la coordenada temporal cambia en los diferentes sistemas de referencia y el espacio-tiempo en bloque forma una variedad, que debe ser invariante ante todo tipo de deformaciones; si esto se representa gráficamente, tanto las coordenadas espaciales como la temporal aparecen curvadas y retorcidas de cualquier manera posible, y según el requisito de covariancia general todas las "formas" posibles de la estructura deben considerarse igualmente válidas. De modo que la expresión simple de derivación con respecto al tiempo (d / dt), no se puede incluir ahí; una de las primeras estrategias para afrontar este problema fue dividir el espacio-tiempo en diferentes "hojas", como si "cortáramos" el bloque espaciotemporal en rebanadas. El espacio-tiempo de la Relatividad General se construye apilando todas esas hojas; cada hoja contiene, por decirlo así, todos los sucesos que son simultáneos en un instante de tiempo; entonces en la fórmula de la métrica, la coordenada temporal se sustituye por dos funciones, la función "lapso" y la función "desplazamiento"; el lapso indica el cambio de la coordenada temporal cuando se pasa de una hoja a otra, y el desplazamiento indica la relación espacial entre los puntos de una hoja y otra; en este enfoque cada hoja es estática; los sucesos físicos que contiene están "congelados en el tiempo"; el flujo del tiempo no se incluye en cada una de ellas, puesto que representan "instantes", en los que no hay ningún cambio; se considera que el tiempo emerge en la estructura de estas hojas apiladas, debido a correlaciones entre los sucesos instantáneos de una hoja y otra; es algo parecido a observar una película filmada en celuloide, toda de una vez; veríamos los diferentes fotogramas en donde los personajes permanecen estáticos, y solo podríamos imaginar cómo se mueven, es decir como "evolucionan en el tiempo", observando las correlaciones que hay entre las posiciones de todo lo que aparece en un fotograma, con las posiciones que aparecen en el siguiente. El "tiempo" no sería entonces algo fundamental; las "hojas estáticas intemporales" lo serían, y a partir de las correlaciones o correspondencias entre las posiciones estáticas de las cosas que hay en una hoja y otra, emergería el concepto de "tiempo" que nos es familiar; nuestra sensación del "flujo del tiempo" se generaría así, a partir de un conjunto de "posiciones estáticas".

Se realizaron también "aproximaciones semiclásicas", en las que el problema de cuantizar la gravedad, se estudió considerando situaciones particulares en las que se piensa que las dos teorías juegan un papel. Stephen Hawking estudió qué ocurriría en las proximidades de un agujero negro, típico de la Relatividad general, cuando se creasen pares de partículas y antipartículas (un fenómeno típico de la teoría cuántica); descubrió que en algunos casos, en la frontera o límite del agujero negro, llamado "horizonte de sucesos", una de las partículas del par podría caer dentro del agujero negro, mientras que la otra no; entonces el par ya no se aniquilaría, y las partículas que no cayesen en el agujero sobrevivirían; para un observador externo esto se percibiría como si el agujero negro estuviese emitiendo radiación, la llamada "radiación de Hawking". Roger Penrose desarrolló la idea de "construir" el espacio-tiempo de la Relatividad general, a partir de una característica fundamental de la teoría cuántica, el espín; construyendo un grafo, en el que hay puntos que tienen un valor de espín, y los diferentes puntos están unidos por líneas, formando lo que se llama una "red de espín". Posteriormente Abhay Asthekar encontró una manera de facilitar los cálculos con las fórmulas de la relatividad general, introduciendo en ellas "nuevas variables"; esto hizo posible que algunos físicos como Lee Smolin y Carlo Rovelli, encontraran nuevas soluciones a las ecuaciones de la relatividad general; estas soluciones parecían representar lazos que se entretejían entre sí, y se asemejaban a las redes de espín originales de Penrose; las "nuevas variables" fueron llamadas "variables de lazo"; una característica importante es que en la medida de "distancia", no importaba para nada como se dispusiesen los lazos en el entramado, puesto que lo único que había que tener en cuenta eran las intersecciones entre los lazos; esto reflejaba de manera excelente la invariancia ante difeomorfismos de la relatividad general; y así surgió la "gravedad cuántica de bucles (o de lazos)" (para hacernos una idea, podemos pensar en el ejemplo de una "red de pescar", pero en tres dimensiones; aunque "deformemos" o "pleguemos", y después "despleguemos" la red, seguirá "siendo la misma red", puesto que los puntos de intersección en ella están anudados, y se mantendrán por tanto en sus mismas posiciones; forzando un poco la metáfora "la red es invariante ante plegamientos y deformaciones")

En la teoría de twistors de Penrose, los rayos de luz y los sucesos intercambian sus papeles, y los primeros se consideran más fundamentales para originar la realidad que percibimos. Se están siguiendo otros enfoques, como "conjuntos causales", "geometría no conmutativa", "triangulaciones dinámicas causales" y otros.

La supergravedad fue una propuesta que se hizo, en la que partículas tan diferentes como fermiones y bosones forman parte de un único grupo de simetría; los fermiones son las partículas que constituyen la materia, como quarks y electrones; los bosones constituyen los campos, como el fotón para el campo electromagnético; la simetría que los interrelaciona se llama supersimetría. Las investigaciones teóricas más recientes parecen indicar que, a su vez, la supergravedad es una aproximación de baja energía, a una teoría más amplia: la teoría de supercuerdas.

Supercuerdas

En 1968, los aceleradores de partículas estaban sondeando la materia para tratar de entender la fuerza nuclear. Gabrielle Veneziano descubrió, que una fórmula matemática conocida como "función beta", que había sido estudiada varios siglos antes por el matemático Leonard Euler, permitía obtener los mismos valores de los datos que se obtenían en los experimentos del acelerador de partículas del CERN; otros estudiaron la fórmula tratando de darle una interpretación física; dos físicos propusieron independientemente, que la función beta podría estar describiendo algo así como una cuerda vibrando, y que tal vez lo que hasta entonces se habían considerado partículas puntuales, se deberían considerar como pequeños segmentos unidimensionales, con una diminuta longitud, minúsculas hebras de energía que fueron llamadas "cuerdas", y varios físicos más se pusieron a estudiar y desarrollar un modelo matemático, que considerase a las partículas elementales como "cuerdas" en lugar de "puntos".

¿Posible solución al problema de los "infinitos"?

Se esperaba que la introducción de las "cuerdas" podría solucionar un problema de las teorías cuánticas de campos con partículas puntuales: de acuerdo con las leyes del electromagnetismo, la intensidad de un campo eléctrico aumenta a medida que nos acercamos a la fuente del campo; si comprimiéramos una esfera cargada hasta que su radio fuese cero, las fórmulas matemáticas muestran que la intensidad eléctrica que brotase de ella sería infinita; ya que aumenta cuando nos acercamos a la fuente, tiende a infinito cuando la distancia tiende a cero; pero el electrón y las demás partículas son tratadas como partículas puntuales; y sin embargo no tienen un valor infinito de carga ni de masa, sino un valor determinado que se mide experimentalmente; lo que se hace en la teoría cuántica de campos es poner esos valores experimentales en las fórmulas para poder hacer cálculos con ellas; se introducen "a mano", por decirlo así, sin que esos valores se deduzcan directamente de la teoría; se supone que un proceso cuántico conocido como "creación de pares", puede tener un efecto de apantallamiento sobre el electrón; como consecuencia del principio de incertidumbre, que no se da solo entre las variables "posición" y "momento", sino que se extiende a otras magnitudes, como "energía" y "tiempo", la teoría cuántica permite, y de hecho predice, que una partícula y su correspondiente antipartícula, pueden crearse y a continuación aniquilarse durante un tiempo muy breve; de acuerdo con eso, lo que consideramos el vacío, está continuamente en un estado de efervescencia, creándose y aniquilándose continuamente partículas y antipartículas, que se supone que apantallan la carga y la masa de las partículas, de tal forma que su valor llega a ser el que se mide experimentalmente; por ejemplo la carga del electrón será afectada por los pares de partículas y antíparticulas cargados que continuamente se crean a su alrededor.

Pero si las "partículas puntuales" fuesen realmente "cuerdas", su "tamaño" aunque muy diminuto, no es cero, y eso evita de manera directa el que aparezcan esos valores infinitos que hemos mencionado.

Explicación de la relación entre masa y espín

Un hallazgo experimental que podía explicarse con la teoría de cuerdas, es una relación que se halló entre la masa de las partículas y su momento angular intrínseco (espín); cuando los valores de las masas se colocan en el eje de un gráfico, y los valores de su momento angular de espín se colocan en otro eje perpendicular al primero, se ve que están relacionados; el modelo de cuerdas permitía una explicación sencilla de esto; podemos imaginar una cuerda en rápida rotación, con una frecuencia determinada, o sea rotando a un número determinado de ciclos por unidad de tiempo; la frecuencia de rotación determina su momento angular, pero también determina su energía, que según la fórmula de Einstein equivale a la masa. Así los resultados obtenidos para la relación entre el momento angular de la cuerda y su masa o energía, concordaban con los de la gráfica experimental.

La supersimetría en la teoría de cuerdas

En el modelo de cuerdas, los fermiones corresponden a cuerdas que oscilan en un sentido, y los bosones, a cuerdas que oscilan en sentido opuesto; por tanto tienen distinto signo, y eso concuerda con los requisitos de la teoría cuántica. El principio de exclusión requiere ***un cambio de signo*** al permutar dos fermiones en una "función de onda", de modo que no puede haber dos iguales, en el mismo estado cuántico, pues la **_resta_** a la que da lugar ese cambio de signo reduce a cero la función de onda total, y el electrón relativista, como ya vimos, se adapta de manera natural a ese requisito, pues también se requiere un cambio de signo para garantizar que la energía sea positiva; los fermiones forman así los átomos de la Tabla periódica. A su vez se requiere que los bosones **_no cambien de signo_** en la permutación, de manera que no dan lugar a una resta, sino a una **_suma_** en la función de onda, de modo que en vez de excluirse, tienden a agruparse en el mismo estado cuántico; eso permite que los fotones, por ejemplo, que son bosones, y son los cuantos del campo electromagnético, puedan agruparse para crear campos más intensos, y hace posible, entre otras cosas, el láser y sus aplicaciones.

Los fermiones tienen espín semientero, y esa característica aparece de manera natural cuando los principios de la relatividad especial se unen a los de la teoría cuántica; por otra parte en la teoría cuántica, las limitaciones sobre el concepto de "trayectoria" que impone el principio de incertidumbre, hace que en un sistema de partículas, las "partículas individuales" sean indistinguibles en un sentido profundo: si en una medición se detectan dos o más partículas en determinadas posiciones o estados, en la siguiente medición no se puede saber cuál es cuál, al no poder hacer un seguimiento de supuestas "trayectorias individuales", pues como ya vimos, no existen en teoría cuántica. El sistema debe por tanto ser descrito por una única "función de onda", que debe incluir todas las permutaciones posibles; eso hace que un sistema compuesto por un número par de pares de fermiones se comporte como un bosón, ya que el cambio de signo que se hace al permutar fermiones hay que hacerlo un número par de veces, lo que nos devuelve al signo original (en la primera permutación el signo cambia de positivo a negativo; al efectuarla una segunda vez vuelve a ser positivo); esto está de acuerdo con el hecho de que al sumar el espín semientero de un número par de fermiones, se obtiene un valor de espín entero, que corresponde a un bosón. El modelo de cuerdas debe, por definición, considerar todas las formas posibles de oscilación y movimiento de las cuerdas, aunque sujetas a las condiciones matemáticas de la física cuántica y la relatividad que, hasta el momento, cuentan con una impresionante confirmación experimental. Por tanto incluye las oscilaciones en los dos sentidos posibles, con signos opuestos, y de esa manera incorpora la supersimetría, un tipo de simetría entre fermiones y bosones, que se consideró también en las teorías de supergravedad. La inclusión de esta simetría es la que hace que se les llame "supercuerdas"

La gravedad en la teoría de cuerdas

Otro rasgo al que conduce el incluir todos los posibles modelos de cuerda, es que hay que incluir cuerdas abiertas, con sus dos extremos separados, pero también hay que incluir cuerdas cerradas, sin extremos libres; a esa forma geométrica le corresponde un valor de espín igual a dos, según la teoría cuántica (la cuerda se convierte en su negativa si giramos un ángulo de $\pi / 2$); la cuerda cerrada de energía mínima corresponde a una "partícula" de espín 2 y "masa en reposo" igual a cero; cuando consideramos la teoría de la relatividad especial vimos que no se puede superar la velocidad de la luz, y que la masa aumenta al aumentar la velocidad;

eso hace que a una "partícula" que viaje a la velocidad de la luz, como por ejemplo el "fotón", que es el cuanto del campo electromagnético (es la propia luz), haya que asignarle un valor de "masa en reposo" nulo, lo que se puede considerar una forma de expresar que no puede estar en reposo. El valor del espín se refleja en el número de componentes y la estructura de un "campo cuántico", en el "espinor", que es el objeto matemático que describe a un campo cuántico, tal como un vector en cada punto del espacio describe un campo vectorial. Los físicos ya sabían que una "partícula" o "campo cuántico" sin masa y con espín 2, podría ser considerada como el "cuanto" del campo gravitatorio en el marco de las teorías cuánticas de campos (una "forma geométrica" de "cuerda cerrada" se asemeja a una curvatura del campo gravitatorio en Relatividad General, teniendo el mismo aspecto cuando se gira un ángulo de $\pi / 2$, o espín 2). A esa hipotética "partícula" mediadora de la fuerza de gravedad, se le llama gravitón. Por tanto se considera que la teoría de cuerdas también incluye a la gravedad necesariamente, y las ecuaciones de la Relatividad general pueden deducirse en ella.

¿Por qué requiere la teoría de cuerdas más "dimensiones"?

Sin embargo en el modelo de "cuerdas" aparecieron otros problemas; al "cuantizar" las cuerdas, los cambios matemáticos que introduce la cuantización, dan lugar a "anomalías", haciendo que ciertas simetrías que se consideran esenciales no se conserven; la teoría tiene que estar de acuerdo con los principios fundamentales de la relatividad y la teoría cuántica, pues estas han sido confirmadas experimentalmente con mucha precisión; uno de los rasgos de la relatividad es que hay que tratar al tiempo como a las coordenadas espaciales, pues como en el caso de estas su valor cambia al pasar de un sistema de referencia a otro; en relatividad, por tanto se necesita una fórmula para expresar no solo las distancias espaciales, sino más bien las "distancias" espacio-temporales entre los diferentes sucesos. Pero en la fórmula que se obtiene, las coordenadas espaciales tienen signo positivo, mientras que la coordenada temporal tiene signo negativo (o a la inversa, si se invierte la elección de signatura); en el cálculo vectorial normal, hace falta el valor de todas las componentes del vector, para conocer no solo su magnitud sino también su orientación en el espacio, y a partir del valor de las componentes se hacen los cálculos; por otro lado, en la teoría cuántica, en la que juegan un papel fundamental las funciones de onda, y la ecuación de Schrödinger, lo que se puede calcular, como ya vimos, es la probabilidad de hallar unos valores determinados de las diferentes variables; la matemática de la teoría cuántica requiere el uso de números complejos, pues la ecuación de ondas contiene la unidad imaginaria "i" $\left(\sqrt{-1}\right)$, y la fase de las funciones de onda se representa por la exponencial compleja; pero una vez que se hacen los cálculos de como esas "ondas" interaccionan entre sí, el resultado final que se quiere hallar debe ser un número real, pues la probabilidad que se calcula debe ser un número real positivo, comprendido entre cero y uno, como exige el cálculo de probabilidades; para obtener eso, la función de onda resultante deber ser multiplicada por su conjugada compleja, lo que siempre da como resultado un número real. (La función conjugada compleja es la misma función con un cambio de signo; al multiplicarlas se obtiene un número real positivo, el cuadrado del módulo, que se considera el valor de la probabilidad). Además en la teoría cuántica los valores que puede tomar la energía son discretos, múltiplos de la constante de Planck; utilizando la ecuación de Schrödinger se puede obtener una expresión matemática que permite obtener todos los valores de energía permitidos por la teoría cuántica, por medio de ir aplicando sucesivamente esa fórmula, a partir del mínimo valor permitido. El modelo de "cuerdas", se construye como una teoría cuántica y relativista, al igual que las teorías cuánticas de campos, de modo que debe incluir todos estos rasgos; las teorías cuánticas de campos contienen también la llamada "simetría conforme", que es algo parecido a la invariancia ante toda deformación del espacio-tiempo de La Relatividad General (o ante difeomorfismos).

En Relatividad General la invariancia se obtiene formulándola de manera tensorial, usando componentes covariantes y contravariantes, cuyos cambios se compensan unos a otros, y así se consigue que todos los sistemas de coordenadas sean igualmente válidos y den las mismas leyes físicas (lo que se llama "covariancia general"); en la formulación tensorial de la geometría de Riemann, las desviaciones de la linealidad del espacio curvo se compensan al transformar coordenadas de un sistema a otro, mediante la llamada "derivación covariante", que añade a las fórmulas los términos compensatorios necesarios, dependiendo de la cantidad de curvatura presente.

En el caso de la "simetría conforme" las fórmulas deben ser invariantes cuando se hace una transformación que introduce "deformaciones", pero mantiene constantes los ángulos. Como en la teoría cuántica no están permitidos todos los valores de energía, no se pueden incluir todos los modelos de rotación, oscilación, o vibración de la cuerda, sino solo los modos que conduzcan a los valores permitidos de energía; de modo que hay que cuantizar las fórmulas que describen el movimiento de la cuerda; para ello se sigue el mismo procedimiento de "cuantización canónica" que en el caso de partículas puntuales: en la fórmula de un oscilador clásico, que contiene la fórmula de la energía cinética sumada a la energía potencial, se sustituyen el "momento" y la "coordenada de posición", por los operadores cuánticos correspondientes, cuya forma se puede obtener aplicando a la fórmula del oscilador clásico las restricciones de De Broglie (solo un número entero de longitudes de ondas se puede incluir en una región determinada); así se obtiene la fórmula para el oscilador cuántico, que es la ecuación de Schrödinger, y a partir de ella los valores de energía permitidos. Las expresiones matemáticas que llevan de un valor de energía a otro se llaman operadores de creación y aniquilación, pues su aplicación lleva a una partícula de un estado energético a otro; en el caso de las cuerdas se introducen operadores que juegan el mismo papel, y con ellos se obtienen los valores permitidos de energía y por tanto los posibles modos de la cuerda, de modo que estos operadores se pueden expresar matemáticamente como modos de oscilación, y por tanto como series de Fourier. (En el estudio de ondas, incluso clásicas, una onda puede ser alterada en los valores que la caracterizan, como amplitud y frecuencia, si interacciona con otra onda; y algo parecido es lo que hacen esos operadores; por tanto se comprende que sus expresiones matemáticas correspondan a osciladores, y se puedan representar por series de Fourier; Fourier desarrollo un método con el que se pueden obtener todo tipo de formas ondulatorias sumando ondas armónicas) El tensor energía-impulso está sujeto a las restricciones cuánticas; pero además, ya que hay que incluir en él los principios de la relatividad , entre las componentes de dicho tensor, hay que incluir las componentes temporales de signo negativo, como indicamos antes; esto supone un problema para la teoría de cuerdas; al igual que en el cálculo vectorial normal, los cálculos se hacen a partir de las componentes; pero todas las componentes deberían tener signo positivo en teoría cuántica, puesto que cada componente hace una contribución a la probabilidad , y no puede haber contribuciones de valor negativo, pues las probabilidades tienen que estar entre cero y uno. Para resolver la ecuación de Schrödinger para el átomo de hidrógeno, se utilizan coordenadas polares en lugar de cartesianas, y eso permite hacer el cálculo separando las tres variables: el radio y los dos desplazamientos angulares; entonces se calcula cada componente por separado y después se multiplican las tres, con lo que se obtiene el "volumen" y "forma" de la nube de probabilidad. Dicha "nube de probabilidad", es la "función de onda" resultante; está normalizada, lo que significa que cada punto de ella es un lugar posible, o un estado en el que hallar al electrón, y la suma de todos esos puntos, la integral, debe ser igual a uno, que significa "certeza absoluta" en cálculo de probabilidades, y hay una certeza absoluta de que el electrón va a estar en algún punto del orbital y su estado energético correspondiente; la probabilidad para cada punto se halla a partir del valor (amplitud) de la onda en ese punto, (por medio de la regla del cuadrado del módulo). Cada componente por tanto, hace una contribución a la probabilidad. Pero un número negativo no se puede considerar como una probabilidad, pues sus valores, de acuerdo con el cálculo de probabilidades deben estar entre cero y uno. Todas las contribuciones a la probabilidad deben estar entre cero y uno. A esas componentes de signo negativo se les llama "campos fantasma"; hay que incluirlas en el tensor si se quiere que la teoría esté de acuerdo con la relatividad, pero al mismo tiempo, si se quiere que la teoría tenga sentido físico, y nos proporcione resultados finales que se puedan considerar estados físicos reales, (un "espacio de Hilbert" de estados físicos, según la terminología cuántica, o un "espacio de Fock", según la teoría cuántica relativista), si realmente es una teoría que describe el mundo que observamos, al menos entre otras cosas, debe haber algo que cancele esos "campos fantasma";

basándose en eso se incluyen en el tensor "componentes" adicionales, que actúan como "campos compensadores" y cancelan los "campos fantasma"; se incluyen también otros "campos espurios" para recuperar otras simetrías, como la "simetría conforme"; cada uno de ellos se puede considerar como un "campo escalar", ya que un campo escalar tiene una sola componente; pero también se pueden considerar como grados de libertad adicionales, y aumentar los grados de libertad se puede considerar como aumentar la dimensión del espacio; un espacio bidimensional tiene dos grados de libertad, y uno tridimensional tiene tres grados de libertad; de modo que las componentes extra se consideraron originalmente dimensiones adicionales del espacio. Así, para dar sentido físico al aparato matemático de la teoría hay que introducir un número específico de "dimensiones extra", que se considera que son demasiado pequeñas, formando una variedad compacta, en la que se supone que se mueven las cuerdas, de modo que la forma y propiedades geométricas de esos "espacios compactos" determinan los modelos de movimiento de las cuerdas, que a su vez determinan los valores como masa y demás variables, y las simetrías físicas se originan en las simetrías geométricas de esas variedades; se usan unas formas geométricas o espacios compactos llamados "espacios de Calabi-Yau", nombrados así por los matemáticos que los estudiaron, pero el desarrollo posterior de la teoría condujo a conclusiones adicionales; se vio que las matemáticas permitían la introducción de dimensiones extra grandes y no solo compactificadas (D-Branas), puesto que la explicación para que no las percibamos podría ser que las cuerdas abiertas estén adheridas por sus extremos a una brana, y solo las cuerdas cerradas, que transmiten la fuerza de gravedad pueden pasar de una brana a otra; se dice que eso explicaría también la debilidad de la fuerza de gravedad, en comparación con las otras fuerzas.

Modelos de Universo

La cosmología es la ciencia que estudia la estructura, formación y comportamiento del Universo en conjunto, el Universo a gran escala; basándose en las observaciones y datos recogidos, los cosmólogos proponen y estudian diversos modelos de Universo, aplicando las leyes físicas que conocen, expresando esas leyes en forma matemática, para ver si los resultados de la operación de esas leyes, encajan con las observaciones.

Se intenta también averiguar cuál será el destino del Universo, si la expansión continuará llevando a un enfriamiento cada vez mayor, y por tanto a una muerte térmica (Big Freeze, o Gran congelación), o si por el contrario la expansión se detendrá e invertirá llevando a una Gran implosión (Big Crunch).

El estudio cuidadoso, desde el punto de vista teórico, del modelo cosmológico estándar del Big Bang, y el intento de solucionar las cuestiones que se plantean en él, así como de encajar también las nuevas observaciones, junto con sugerencias que provienen de diversas teorías en las que se estudia la materia a nivel subatómico, ha llevado a suponer que tal vez el Big Bang no fue único, y por diversos caminos, y en diversas teorías, se propone la existencia de otros "universos", que compondrían lo que actualmente se denomina el "multiverso".

La existencia de "universos paralelos" se propuso como una interpretación de la teoría cuántica, la interpretación de "muchos mundos" de Hugh Everett, posterior a la interpretación inicial, llamada "la interpretación de Copenhague", por el papel predominante que desempeñó en ella el físico danés Niels Bohr. En la teoría cuántica un sistema físico, que puede ser una sola "partícula", o pueden ser muchas, debe ser descrito por una "función de onda"; la "función de onda" de un sistema de muchas partículas contiene todas las posibles configuraciones en que se puede hallar el sistema al efectuar una observación o medición, de modo que contiene configuraciones que forman aparatos de laboratorio, gatos, observadores y Universos enteros. Según la interpretación de Copenhague, cuando se hace una observación o medición, solo una de las alternativas contenidas en la "función de onda" se realiza (llega a ser real); según la interpretación de "muchos mundos" se realizan todas, en diferentes "universos" que coexisten pero no se perciben mutuamente.

Pero otras teorías también han conducido a pensar en la existencia de otros tipos de "universos".

Más allá del modelo estándar de la física de partículas, se ha llegado a teorías como la teoría de cuerdas, supercuerdas y teoría M; Veamos por qué han conducido a la idea de un "multiverso"; en estas teorías las partículas elementales no son consideradas como "puntos"; se considera que tienen una longitud diminuta, y por eso se las llama "cuerdas"; para conservar ciertas simetrías que se consideran esenciales en física, estas teorías tienen que incluir en sus fórmulas algunos términos que compensan "anomalías" que surgen en ellas y conducen a que una simetría esencial no se mantenga, cuando las restricciones impuestas por la teoría cuántica se aplican a las cuerdas (cuando se cuantizan las cuerdas); tales términos tienen un efecto compensador en las fórmulas, y la simetría requerida se recupera; tales cantidades compensadoras se pueden considerar de diferentes maneras; puede pensarse que representan "partículas" o "campos", que la teoría sugiere que deberían existir, pero que aún no han sido descubiertos; en la historia de la ciencia esto ha ocurrido a veces;

por ejemplo la existencia del neutrino se predijo teóricamente antes de que fuera descubierto; en un tipo de desintegración radiactiva parecía violarse la ley de conservación de la energía, y Wolfgang Pauli propuso que la energía que aparentemente faltaba, tal vez correspondía a que en el proceso podría estar presente una partícula, que por carecer de carga eléctrica y tener una masa muy pequeña no era detectada; si se incluía esa partícula la ley de conservación se mantenía; el neutrino fue descubierto posteriormente.

Los "campos" adicionales a los que se recurre en la teoría de cuerdas se pueden considerar como magnitudes escalares; un "campo escalar" puede ser, por ejemplo, la temperatura, puesto que se puede especificar una distribución de temperaturas en una región, dando solamente un número en cada punto de la región, que indica el valor de la temperatura en ese punto, tal como es indicada por un termómetro provisto de una escala de temperaturas (de ahí la palabra "escalar"); pero hay otros "campos" que requieren más de un número para ser especificados, por ejemplo los "campos vectoriales"; un campo de fuerza eléctrica o gravitatoria tiene, en cada punto de la región en que se encuentra, un valor especificado por un vector; los efectos de las fuerzas dependen no solo de su magnitud, sino también de la dirección y sentido en que actúan, de modo que para especificar un "campo vectorial" se requieren tres números en cada punto del espacio; dando el valor de las tres coordenadas o componentes del vector; referidas a un sistema de tres ejes perpendiculares entre sí, tanto la magnitud, como la dirección y sentido del vector en el espacio tridimensional, quedan plenamente especificadas.

Como un campo escalar es un campo de una sola componente, la introducción de cada "campo compensador" que se hace en la teoría de cuerdas, puede considerarse como la introducción de alguna "magnitud escalar", pero también puede considerarse como que se ha añadido una "componente" adicional al "espacio" en el que "viven" las cuerdas, y por lo tanto una "dimensión" o "grado de libertad" adicional; si los objetos físico-matemáticos de esta teoría (originalmente las "cuerdas"), disponen de grados de libertad adicionales, tales grados de libertad también pueden efectuar el trabajo de compensación requerido, como si esas "dimensiones extra" cancelaran el efecto no deseado de los términos que dan lugar a las "anomalías"; en un "espacio" con más "dimensiones" tales efectos pueden disiparse y cancelarse en ellas; de modo que originalmente se consideró que la teoría era consistente si se desarrollaba en un espacio con más dimensiones que nuestro espacio físico tridimensional, o el espacio-tiempo de cuatro dimensiones de la teoría de la relatividad; para explicar por qué no percibimos esas dimensiones extra se supuso que podían estar compactadas en formas geométricas muy diminutas, espacios compactos; si fuese así la geometría de esos espacios en los que se mueven y vibran las cuerdas determinaría el comportamiento y características físicas de estas; pero las matemáticas predicen muchas más posibles geometrías que las que se requieren para explicar el mundo que conocemos, de modo que también en esta teoría podrían existir "universos" o "mundos" con otras propiedades, como parte del "multiverso"; también se estudian modelos con dimensiones extra grandes, y sus posibles consecuencias y efectos (D-branas, etc.).

Otras teorías, motivadas principalmente por resolver los problemas matemáticos que aparecen cuando se intenta unir la relatividad general con la teoría cuántica, han llevado a proponer diversos modelos cosmológicos.

Cuestiones como la de cómo pudo generar el Big Bang la uniformidad observada actualmente, llevaron a Alan Guth a proponer una inflacción muy acelerada al principio, y esto también lleva a pensar en la posible generación de otros "universos".
La fuerza que impulsa la expansión es relacionada por los cosmólogos con la llamada "constante cosmológica", cuyo valor debe estar muy finamente ajustado para la expansión que se observa.

El "principio holográfico" en la teoría de cuerdas

Después se vio que el llamado "principio holográfico", que surgió en la investigación de la entropía del agujero negro, mostrando que la información que genera nuestro universo tridimensional, puede estar almacenada en la superficie bidimensional que lo limita, también surgía en la teoría de cuerdas; se descubrió una "dualidad", una especie de equivalencia matemática entre el llamado "espacio anti-De Sitter", que es una de las variedades espacio-temporales de las que se estudian en Relatividad general, y una teoría cuántica de campos o QFT, formulada en la frontera de dicho espacio; así puede haber cambios en la dimensionalidad también; en algunos artículos técnicos se muestra, por tanto, que las "dimensiones extra", pueden considerarse de otras maneras; pueden considerarse también como la dimensión de un "espacio interno", o un "espacio matemático" como un "espacio de configuración" (parecido a un "espacio de fases" en física clásica), que contiene todas las posibles configuraciones permitidas.

La teoría M

La Teoría M fue un desarrollo que mostró que diferentes teorías de cuerdas que se estudiaron originalmente, podían ser unificadas, pues se descubrieron en ellas "dualidades", correspondencias matemáticas que indicaban que tales teorías compartían rasgos que indicaban que eran diferentes aspectos o manifestaciones de una teoría más profunda, y se podía pasar de una teoría a otra mediante determinadas transformaciones matemáticas; la teoría no solo incluye cuerdas sino también objetos de más dimensiones. La investigación en "gravedad cuántica" continúa, y no se considera un problema resuelto; se siguen estudiando las diferentes teorías de las que hemos hablado y otras; Un enfoque llamado "dinámica de formas" se ha propuesto como una solución al "problema del tiempo", mencionado anteriormente, que surge al cuantizar directamente la Relatividad general en "Gravedad cuántica canónica"; en la dinámica de formas, en lugar de aplicar la "invariancia ante difeomorfismos" a todo el bloque espacio-temporal de la Relatividad general, se aplica "simetría conforme" e invariancia ante difeomorfismos, solo a las "hojas espaciales" del bloque, y se consiguen los mismos resultados que en Relatividad general, pero se evita el problema del tiempo.

DESARROLLO HISTÓRICO Y CONCEPTUAL DE "RELATIVIDAD" Y "TEORÍA CUÁNTICA"

LA RELATIVIDAD ESPECIAL I: El tiempo se ralentiza y el espacio se acorta

La unificación de Maxwell

Maxwell expresó los descubrimientos sobre la electricidad y el magnetismo en forma de ecuaciones matemáticas. Las fórmulas describían por lo tanto la relación entre electricidad y magnetismo. Explicado a grandes rasgos, si en un miembro de una ecuación aparece variación de electricidad, en el otro miembro aparece magnetismo y viceversa. Electricidad y magnetismo aparecen así relacionadas, y unificadas en una sola entidad matemática. Las ecuaciones muestran en qué medida una corriente eléctrica genera magnetismo y viceversa. Por lo tanto ya no hay que hablar de electricidad y magnetismo por separado, sino de electromagnetismo. Como una consecuencia lógica de la íntima relación entre electricidad y magnetismo, las ecuaciones predecían la propagación de un nuevo tipo de ondas: un campo eléctrico variable genera en torno suyo un campo magnético, que a su vez genera otro campo eléctrico, y así sucesivamente, de manera que se propaga por el espacio una onda electromagnética. Incluso se podía calcular la velocidad de las ondas. La velocidad de las ondas a través de un medio determinado, depende de ciertas constantes características del medio, como la rigidez y la densidad. Análogamente la velocidad de las ondas electromagnéticas depende de ciertas constantes relacionadas con las diferentes intensidades de las fuerzas eléctrica y magnética. Cuando se hicieron los cálculos la velocidad resultó ser igual a la velocidad de la luz (300.000 km/seg.), que ya se había medido anteriormente. La conclusión era lógica: las ondas de luz eran ondas electromagnéticas. Apareció así otra gran unificación en física: electricidad, magnetismo y luz eran manifestaciones de un mismo fenómeno.

El origen de la teoría de la relatividad

La física de Newton sirvió para explicar casi todos los fenómenos conocidos durante siglos. No se puede negar que fue una enorme conquista intelectual. De hecho, solo ha habido que hacer dos modificaciones en el siglo XX (la teoría de la relatividad y la teoría cuántica). Aunque, como veremos, esas teorías suponen un avance impresionante en nuestro entendimiento, en realidad no echan por tierra los éxitos obtenidos por la física de Newton, sino que, por decirlo de alguna manera, los absorben. En la teoría de la relatividad y en la teoría cuántica, las fórmulas de Newton vuelven a aparecer como un caso límite. Concretamente, la relatividad ajusta las fórmulas newtonianas para tener en cuenta los efectos de la velocidad de la luz, y la teoría cuántica las ajusta para tener en cuenta que la energía no puede tomar cualquier valor, lo que se pone de manifiesto en los intercambios de energía de los procesos atómicos. En el caso límite en que se pueden ignorar los efectos de la velocidad de la luz y la cuantización de la energía, se anulan los términos matemáticos correspondientes y lo que queda son las fórmulas de Newton.

Como hemos visto, en la teoría electromagnética de Maxwell, la velocidad de la luz aparece como una constante, pues se obtiene de otras constantes relacionadas con las fuerzas eléctricas y magnéticas. Para que las leyes del electromagnetismo sean válidas, sin tener que modificarlas de forma complicada, cualquier observador debe obtener el mismo valor para la velocidad de la luz, sin importar cuál sea el estado de movimiento del observador que haga la medida. Los físicos se dieron cuenta de que esto estaba en contradicción con las leyes del movimiento de Newton. Supongamos que vamos en un tren que avanza a velocidad uniforme. Lanzamos una pelota dentro del tren y medimos su velocidad con relación al tren (o sea, como si el tren estuviera en reposo). Si un observador en tierra midiera la velocidad de la pelota no obtendría el mismo valor que nosotros. La velocidad que obtendría sería la suma de la velocidad de la pelota con relación al tren más la velocidad del tren con relación a la Tierra. Si las ondas de luz se propagan en el supuesto "éter", su velocidad parecería mayor a un observador que fuese hacia la luz que a otro que se aleja de ella. Un experimento preciso realizado por Michelson y Morley mostró que la velocidad de la luz tenía el mismo valor en cualquier dirección que se midiese. Si hubiesen detectado diferencias se habría confirmado que la Tierra se movía a través del éter, y este podría servir como un sistema de referencia respecto al cual medir los demás movimientos, pero si no se pudo detectar tal "movimiento a través del éter", como Einstein expresaría después, suponer su existencia resultaba superfluo. En el Universo no se conoce nada que esté en reposo, por lo que solo podemos medir la velocidad de unos objetos con relación a otros, o sea, velocidades relativas. ¿Cómo puede entonces haber una velocidad absoluta, que sea la misma, se mida desde donde se mida?. Parece una contradicción. Sin embargo Einstein mostró como se podían reconciliar ambas teorías, mecánica y electromagnetismo, sin renunciar a los éxitos obtenidos por cada una. Pero para ello había que renunciar al concepto de "tiempo absoluto" que se daba por sentado hasta entonces.

La relatividad de la simultaneidad

Volvamos al ejemplo del tren. Se hace de noche. Al lado de la vía hay dos farolas apagadas, separadas por una distancia considerable y en la mitad del camino entre ellas hay un observador en tierra. En determinado momento, cuando el tren está recorriendo parte de la distancia entre las farolas, estas se encienden. Las dos señales luminosas, viajando a la velocidad de la luz, llegan al observador en tierra al mismo tiempo; él, por lo tanto concluye que las dos se han encendido simultáneamente. Sin embargo ¿qué percibirá un observador en el tren?. El tren avanza hacia el primer foco y se aleja del segundo, por lo que la luz de uno le llegará antes que la del otro. La conclusión es evidente: dos sucesos que son simultáneos para el observador en tierra no serán simultáneos para el observador en el tren, Este simple ejemplo muestra que la percepción de una secuencia de sucesos (y por lo tanto la percepción del paso del tiempo), puede variar de un observador a otro, según su estado de movimiento. Sería un error pensar que la medida del observador en tierra es la "real", mientras que la otra es "aparente". Podemos entenderlo si ahora trasladamos el ejemplo del tren al Universo y pensamos en dos sistemas de referencia que se mueven uno con respecto al otro, cada uno con su observador haciendo mediciones. La relatividad de la simultaneidad se cumplirá igual. Cada observador tiene el mismo derecho a pensar que está en reposo y el otro se mueve respecto a él. Por lo tanto las mediciones o percepciones de uno se pueden considerar tan reales como las del otro, pero como hemos visto, el transcurso de los acontecimientos, el transcurso del tiempo, es diferente en cada sistema de referencia. Para cada observador lo que él mide y percibe es lo "real" y ninguno tiene derecho a decir que sus mediciones o percepciones son más reales que las del otro, porque en el Universo no existe ningún sistema privilegiado, puesto que todos los sistemas de referencia se mueven unos respecto a otros. No se conoce ningún sistema en reposo absoluto respecto al cual se puedan medir los demás movimientos. Por lo tanto, los observadores en cualquier sistema de referencia tienen el mismo derecho que los demás a considerar sus mediciones o percepciones reales.

¿Qué instrumentos , objetos o sistemas físicos podemos usar como relojes?: cualquier sistema que tenga un movimiento periódico; por ejemplo, la Tierra gira en una órbita alrededor del Sol y cuando completa un giro vuelve a hacer otro, y cada giro tiene la misma duración; usamos ese sistema para medir los años; cada giro corresponde a un año; un péndulo que oscila de un lado a otro de manera regular , empleando el mismo tiempo en cada oscilación, también se usa como reloj: se pueden contar o registrar el número de oscilaciones que ha realizado entre dos sucesos, y eso nos da el tiempo transcurrido entre dichos sucesos; ahora se usan las rápidas y regulares oscilaciones de los átomos para hacer relojes muy precisos, que pueden medir intervalos de tiempo muy cortos.

Pensemos por tanto en usar como reloj un oscilador muy sencillo; imaginemos simplemente dos placas paralelas, separadas una pequeña distancia, una arriba y otra abajo, y una bolita que rebota de una a otra continuamente y de manera regular.

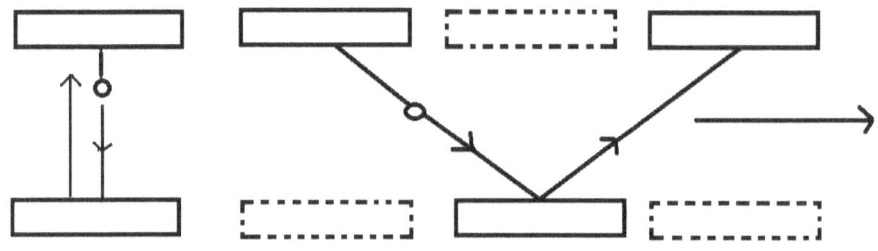

Un amigo nuestro está dentro de un vehículo con un reloj así, y a cierta distancia otro amigo está observándole, y con unos prismáticos puede ver perfectamente el reloj; por cierto, él también tiene a su lado un reloj igual; los dos amigos están en reposo, y el que está a cierta distancia fuera del vehículo comprueba que los dos relojes están marchando al mismo ritmo; la bolita de uno y la del otro se mantienen totalmente sincronizadas, oscilando o latiendo al unísono; el tiempo transcurre igual para los dos; pero ahora el amigo que está dentro del vehículo lo pone en marcha y empieza a moverse hacia adelante; él sigue observando el reloj que lleva en el vehículo y lo sigue viendo igual que antes de moverse, porque el reloj se mueve junto con él; pero su amigo, que permanece quieto fuera del vehículo, observa con los prismáticos algo diferente cuando mira el reloj del interior; como las dos placas están avanzando con relación a él, la bolita tiene que hacer ahora un recorrido más largo para completar cada oscilación, puesto que después de rebotar en la placa de arriba, mientras se dirige hacia la de abajo, esta se ha desplazado cierta distancia antes de que la bola la alcance; por tanto, desde el punto de vista del observador fuera del vehículo, las oscilaciones del reloj del vehículo se completan en un intervalo de tiempo más largo que las que mide con su reloj; pero ese efecto no está ocurriendo solo en el reloj; como dijimos antes, los átomos, que componen tanto al vehículo como todo lo que hay en él, incluido el cuerpo del conductor, son también osciladores regulares, de modo que todos los procesos, incluidos los biológicos, están transcurriendo a un ritmo distinto, pero el observador de adentro no percibe ningún cambio porque todo se ralentiza a la vez y en la misma proporción; es el de afuera el que percibe la ralentización con relación a él; si usase unos "prismáticos idealmente potentes", que le permitiesen "ver" las oscilaciones de las moléculas y átomos del cuerpo de su amigo, las vería ralentizarse también, por la misma razón que se ha explicado en el caso del "reloj"; desde su punto de vista su amigo está "envejeciendo" más lentamente que él; de modo que no hay un tiempo absoluto; cada uno tiene su "tiempo propio".

No solo la medición del tiempo, sino también la medición del espacio se basa en el concepto de simultaneidad. Volviendo al ejemplo del tren, supongamos que el observador en tierra ve que cuando los focos se encienden, uno coincide con el extremo delantero del tren y el otro con el extremo trasero. Llega a la conclusión de que la longitud del tren es igual a la longitud entre las dos farolas. La distancia entre los focos ha sido su vara de medir. ¿Qué verá en este caso el observador en el tren?. Verá iluminada la cabecera del tren y, *transcurrido un tiempo*, verá iluminada la parte trasera (puesto que se está alejando de la farola que ha iluminado esa parte del tren, y su luz, y la imagen que transporta, tardará más en llegar), y llegará a la conclusión de que la distancia entre los focos es menor que la longitud del tren. Por lo tanto tampoco coincidirán al medir longitudes. En realidad siempre que medimos longitudes, colocamos una vara de medir y damos por sentado que la imagen de los dos extremos de la vara llega a cualquier observador simultáneamente. Pero como hemos visto la simultaneidad es relativa.

Naturalmente la relatividad de la simultaneidad y sus efectos sobre la percepción de longitudes y tiempos, pueden despreciarse cuando las velocidades de los sistemas de referencia son pequeños en comparación con la velocidad de la luz. En el ejemplo hipotético del tren, para percibir los efectos, el tren tendría que tener una velocidad enorme. En experimentos reales a altas velocidades, cuando se aceleran partículas subatómicas, se ha comprobado la validez de las leyes relativistas.

El espacio de Minkowski

Podemos notar que estos efectos relativistas (retraso de los sucesos o dilatación del tiempo, y contracción de las longitudes) se deben al mismo fenómeno: la relatividad de la simultaneidad; por lo tanto están íntimamente relacionados. Concretamente, en la misma medida en que el tiempo se dilata o extiende, la longitud se contrae. Pero eso es precisamente lo que ocurre en el espacio tridimensional, cuando miramos un objeto desde dos perspectivas distintas. Dos observadores pueden ver el mismo objeto y sin embargo ver diferentes imágenes. (Por ejemplo, al cambiar la perspectiva la longitud se acorta y la anchura se dilata). Análogamente en relatividad la longitud se acorta y el tiempo se dilata. En la física de Newton el tiempo era el mismo para todos los observadores, absoluto e inmutable. La relatividad nos da más perspicacia sobre los conceptos de espacio y tiempo; nos hace pensar en cómo forjamos en nuestra mente esos conceptos de espacio y tiempo, basándonos en nuestras percepciones; pero nuestras percepciones dependen de nuestro estado de movimiento. En la física relativista el tiempo se comporta como las otras dimensiones espaciales: puede parecer más o menos "estirada" según desde donde se la mire. Antes de la relatividad espacio y tiempo se podían considerar separados. En la relatividad en cambio están íntimamente unidos. Sí la coordenada temporal se dilata, la coordenada espacial se contrae. Podemos expresarlo diciendo que diferentes observadores tienen diferentes "perspectivas" en el espacio-tiempo. No cabe hablar de espacio y tiempo por separado. A esta unión de espacio y tiempo se la conoce como espacio de Minkowski. Un cambio de sistema de referencia equivale, por lo tanto, a un "giro" en el espacio-tiempo, desde el punto de vista matemático, o un "giro" en el espacio de Minkowski. En el espacio tridimensional un punto material queda localizado, con respecto a un sistema de coordenadas de referencia, por medio de tres números: longitud, latitud y altura. En el espacio-tiempo hay que especificar también el tiempo, que puede ser diferente en diferentes sistemas de coordenadas. Un "punto" en el espacio tridimensional equivale a un "suceso" en el espaciotiempo cuatridimensional. Una observación o medición es un "suceso". Según la relatividad es más correcto decir que el "mundo" que percibimos se compone de sucesos, acontecimientos, no de "puntos materiales".

Electromagnetismo y mecánica

La teoría de la relatividad está de acuerdo con la teoría electromagnética de Maxwell. La velocidad de la luz es la misma en todos los sistemas de referencia precisamente porque longitudes y tiempos se ajustan para dar ese resultado. Pero la relatividad también está de acuerdo con la mecánica de Newton en el caso límite de bajas velocidades. Esto se debe a que las fórmulas relativistas son precisamente las fórmulas de Newton, pero con un término añadido que mide la contracción de longitudes y dilatación del tiempo según la velocidad. Cuando la velocidad es baja en comparación con la velocidad de la luz, este término se hace tan pequeño que prácticamente desaparece y reaparecen las fórmulas de Newton.

LA RELATIVIDAD ESPECIAL   II: La masa es energía

El aumento de la masa con la velocidad

Ya sabemos que longitud y tiempo son magnitudes fundamentales en física. Cualquier modificación que sufran afectará a las demás fórmulas que se construyen a partir de ellas. Consideremos la 2ª ley de Newton:

FUERZA = MASA x ACELERACIÓN.

Aplicamos fuerza a un cuerpo y va aumentando su velocidad. Pero según la relatividad la longitud se contrae y el tiempo se ralentiza. A mayor velocidad más se acentúan esos efectos, por lo que cada vez nos costará más acelerarlo (aplicaremos fuerza, pero cada vez recorrerá una longitud más corta en un tiempo más largo o dilatado). Es como si su "masa" aumentase al aumentar la velocidad. Nótese que (en este caso), no aumenta la "cantidad de materia" sino la "resistencia a la aceleración", por los efectos relativistas de contracción de longitud y ralentización del tiempo. La masa se define precisamente como "resistencia a la aceleración". Las fórmulas indican que si el objeto llegase a la velocidad de la luz, su longitud se reduciría a cero, el tiempo se detendría y la masa se haría infinita. No sería posible acelerarlo más. Eso indica que la velocidad de la luz es un límite infranqueable en el Universo. Haber descubierto la velocidad límite es un hecho notable, puesto que no se podría haber descubierto mediante experimentos, ya que nunca podríamos estar seguros de que un experimento posterior no descubriría una velocidad mayor. Sin embargo es la teoría la que nos dice que la velocidad de la luz es el límite en el Universo físico. Además, ahora comprendemos mejor, por qué en el Universo la velocidad máxima debe ser la misma en todos los sistemas de referencia o referenciales. Si no fuera así, la velocidad se podría aumentar simplemente por cambio de referencial, y nunca se podría hablar de una velocidad máxima. Pero si las leyes relativistas no se cumplieran, el electromagnetismo no funcionaría como lo hace, y, por decirlo de alguna manera, el Universo se "desplomaría". Esta "construcción" o "estructura" del Universo que habitamos es la que permite que lo experimentemos como lo hacemos.

Masa y energía

La energía cinética de una partícula depende de su velocidad. La fórmula para la energía cinética es:

ENERGÍA CINÉTICA = ½ MASA x VELOCIDAD ^{2}

Pero como hemos visto, de acuerdo con la relatividad la velocidad también aumenta la masa. De modo que un aumento de energía cinética supone también un aumento de masa. Si incremento de energía equivale a incremento de masa, llegamos a la conclusión sorprendente de que la masa es otra forma de energía. Einstein dedujo de las fórmulas relativistas la proporción entre masa y energía. Obtuvo la famosa fórmula:

$$E = m\,c^2$$

(energía es igual a masa por la velocidad de la luz al cuadrado). Podría pensarse que la fórmula solo debería aplicar a la energía cinética, pero en el Universo unas formas de energía se transforman en otras de acuerdo con la ley de conservación de la energía (para obtener energía cinética tendremos que extraerla de alguna otra forma de energía). Para que la ley de conservación de la energía se cumpla y las leyes del Universo sean consistentes hemos de entender que la fórmula tiene validez universal y aplica a todas las formas de energía. En las reacciones químicas Lavoisier comprobó que se cumplía la ley de conservación de la masa. Ahora dos leyes de conservación se fundían en una: La conservación de la energía, considerando a la masa como otra forma de energía.

Antes del descubrimiento de esta fórmula los científicos no podían explicarse la energía que genera el Sol. No había ningún proceso de obtención de energía conocido en la Tierra que generase tan enorme cantidad de energía con una pérdida muy pequeña de masa. Las leyes relativistas, por lo tanto, se extienden más allá de los campos de estudio en los que se originaron. Explican más cosas que las que originalmente pretendían explicar, mostrando que una ley universal cumple muchos propósitos y que el Universo es una entidad donde todo está relacionado y todas sus leyes cooperan juntas para hacer que funcione como lo hace.

La fórmula de la equivalencia entre masa y energía explica también la gran cantidad de energía que se obtiene en las centrales nucleares, o la que se libera en las explosiones atómicas.

El descubrimiento de la equivalencia entre masa y energía nos conduce a una visión del mundo que ya había sido sugerida por Faraday y Boscovich, quienes habían sugerido que aquellos lugares donde percibimos materia, podrían ser "los lugares donde las fuerzas de un campo de fuerza se concentran en un punto"

Entendiendo la relatividad, podemos entender mejor las relaciones entre materia y energía, y entre espacio y tiempo, y su relación con el movimiento.

EL UNIVERSO DE EINSTEIN: La Relatividad General

Las tres leyes del movimiento de Newton están de acuerdo con la relatividad cuando se consideran velocidades bajas en comparación con la enorme velocidad de la luz. Pero ¿qué pasa con la ley de Gravitación?. Observemos la fórmula newtoniana:

$$F = G (M m/ r^2)$$

Vemos que en ella no aparece el tiempo. La fórmula simplemente indica que donde hay una masa, automáticamente hay atracción gravitatoria.

Según esta fórmula es como si el Sol ejerciese su fuerza de atracción sobre la Tierra en el acto, sin transcurrir tiempo alguno. Es como si la influencia gravitatoria se transmitiese a una velocidad infinita. Para Newton mismo esa "acción a distancia" resultaba sospechosa. Como hemos visto, según la relatividad nada puede viajar más rápido que la luz. En la teoría de campos un cuerpo que ejerce su influencia sobre otro no puede hacerlo de manera instantánea. Las fuerzas no se transmiten directamente de una partícula a otra, sino de la primera partícula al campo y de este a la segunda partícula. El campo cobra por tanto realidad física. Ya hemos visto que la relatividad se deriva de la teoría del campo electromagnético. Pero ¿cómo se puede armonizar la relatividad con la ley de la gravedad?. La respuesta a esta pregunta condujo a la Relatividad General.

El principio de equivalencia

Un cuerpo responde a una fuerza aplicada a él, según su "masa inerte" (o masa de inercia), de acuerdo con la fórmula:

$$F = m \cdot a$$

pero responde a una fuerza de atracción gravitatoria, según su "masa pesante" (o masa gravitatoria), de acuerdo con la fórmula:

$$F = G \left[(Mm)/r^2 \right]$$

La "masa inerte" es por lo tanto la resistencia de un cuerpo a la aceleración, mientras que la "masa pesante" determina su respuesta a un campo gravitatorio (por ejemplo el de la Tierra); todos los cuerpos caen con la misma aceleración (en la Tierra, 9,8 m/seg.²). La misma cantidad de "fuerza" debe producir la misma cantidad de "aceleración", sin importar si esa "fuerza" proviene de un campo gravitatorio, o de otra fuente, para que todo sea consistente, de modo que podemos igualar las dos expresiones de "fuerza"

Igualemos las dos expresiones de "fuerza":

$$m \cdot a = G \left[(Mm)/r^2 \right]$$

(Aquí "M" es la masa de la Tierra, y "m" la masa del objeto que cae).

Para ser más concretos:

$$\text{MASA INERTE} \times a = G(M/r^2) \times \text{MASA PESANTE}$$

Podemos medir la "inercia" de un cuerpo usando $F = m \cdot a$, o podemos medir su "peso" usando $F = G \left[(Mm/r^2) \right]$; a priori, inercia y peso no tendrían por qué tener el mismo valor. Sin embargo podemos notar que para que la aceleración de la gravedad sea independiente de las características del cuerpo (y por tanto sea la misma para todos los cuerpos acelerados por un campo gravitatorio, como descubrió Galileo), estas ("masa inerte" y "masa pesante") no tendrían que aparecer en la fórmula. Eso solo puede ocurrir si las dos tienen el mismo valor (MASA INERTE = MASA PESANTE). Solo entonces podemos simplificar la fórmula, eliminando esos dos valores en ambos miembros de la ecuación, puesto que son iguales, y nos queda:

$$a = G \ (M/r^2)$$

Así, la aceleración depende solo de la intensidad del campo gravitatorio de la Tierra, y es una constante tal como la experiencia demuestra. Inercia y peso se compensan completamente (A mayor peso, la Tierra tira con más fuerza, pero como mayor peso significa también mayor inercia, el cuerpo se resiste más a la fuerza. Ambos efectos se compensan y el resultado es que todos los cuerpos caen con la misma aceleración).

Einstein se dio cuenta de que esta igualdad entre "masa inerte" y "masa pesante" (o "masa de inercia" y "masa gravitatoria") implicaba la equivalencia entre un sistema en movimiento acelerado y un campo gravitatorio. Consideremos un ejemplo: imaginemos una especie de ascensor, una caja cerrada, sin ventanas, suspendida por un cable y colgando a una altura considerable. Dentro de esta especie de ascensor hay una persona y varios objetos. Supongamos ahora que se corta el cable y el ascensor empieza a caer, Aunque la persona levante los pies del suelo seguirá en caída libre, junto con el ascensor y los demás objetos, todos cayendo con la misma aceleración. A la persona entonces le parecerá que está flotando dentro del ascensor, También los demás objetos parecerán flotar. De hecho, esto es lo que realmente pasa cuando vemos a los astronautas "flotar" dentro de una nave que está en órbita en torno a la Tierra. Se suele decir que los astronautas están en unas condiciones de "gravedad cero". Pero la gravedad no ha desaparecido, porque es la que mantiene a la nave orbitando en torno a la Tierra, como la Luna. Lo que ocurre es que la nave y todo lo que hay en ella están en caída libre, como en el ascensor imaginario del ejemplo. Einstein se dio cuenta de que una persona en caída libre no siente su propio peso. Pero supongamos ahora que alguien engancha de nuevo el cable del ascensor, y se empieza a hacer que se eleve con un movimiento acelerado, tirando hacia arriba del cable; la persona y las cosas se volverán a pegar al suelo del ascensor y será como si alguien hubiese "conectado" un campo gravitatorio.

Por tanto un sistema en movimiento acelerado y un campo gravitatorio son equivalentes.

Ahora bien, ¿qué ocurre con el espacio y el tiempo en un sistema acelerado?. Consideremos un caso de movimiento acelerado, un disco en rotación, como la plataforma de un tiovivo; (aunque la velocidad, una magnitud vectorial, no cambie de magnitud, cambia de dirección continuamente, por tanto es un sistema acelerado). Imaginemos un habitante de este disco giratorio haciendo mediciones de longitud y de tiempo. Si se coloca en una parte exterior del disco obtendrá unos valores, pero si se coloca en una parte más interna irá a diferente velocidad, y de acuerdo con la relatividad especial la medición de longitudes y tiempos será distinta. De hecho longitudes y tiempos se acortarán o dilatarán constantemente, y tendrán valores diferentes dependiendo de la distancia al centro del disco. Por lo tanto en un sistema acelerado la relatividad hace que los valores de las coordenadas espaciotemporales cambien continuamente de un punto a otro, encogiéndose o dilatándose. En un mundo con esas propiedades no podríamos trazar un sistema de coordenadas rectilíneo. Por ejemplo si tomáramos un plano y tomáramos nuestra "vara de medir" (variable de punto a punto), no podríamos obtener algo semejante a esto:

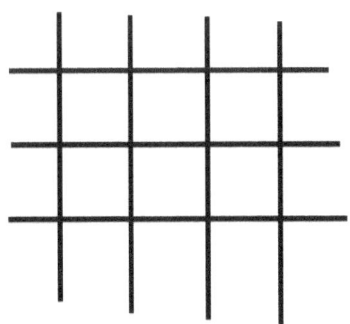

Más bien obtendríamos algo semejante a esto:

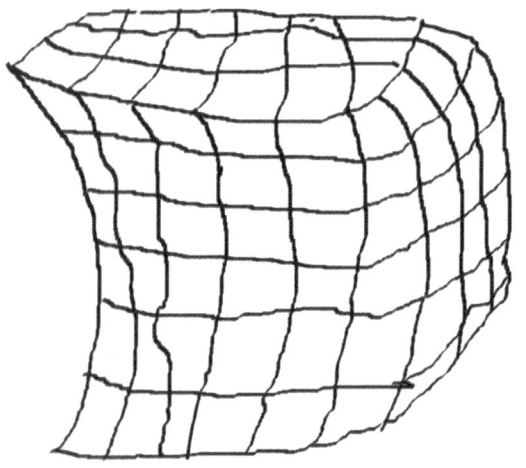

De modo que en un sistema acelerado la relatividad hace que el espacio y el tiempo sean curvos. Pero según el principio de equivalencia lo mismo debe ocurrir en un campo gravitatorio. Según este punto de vista, una gran masa, como la del Sol, origina una distorsión o curvatura del espacio-tiempo en torno suyo. Altera la geometría de su entorno, deformándola. Los cuerpos en el entorno del Sol se moverán siguiendo trayectorias curvas, porque la geometría es curva. La relatividad conduce a una nueva interpretación de la gravedad. La gravedad se debe a que los cuerpos masivos curvan la geometría de su entorno.

Mientras trabajaba en este tema, Einstein supo que los matemáticos ya habían estudiado, desde hacía años, la geometría de los espacios curvos. Para estudiar una superficie curva se introduce un sistema de coordenadas que se adapte a la curvatura.

Estas se llaman "coordenadas de Gauss". Matemáticos como Gauss dudaban de la validez completa de la geometría que estudiamos en el colegio, llamada geometría euclídea (por Euclides, geómetra griego).

Por ejemplo, en la geometría euclídea la suma de los tres ángulos de un triángulo siempre mide 180°; esto se puede comprobar en el siguiente gráfico:

Al trasladar dos de los ángulos, haciendo un "transporte paralelo", para unirlos al tercer ángulo, se ve que los tres suman media circunferencia, o 180°

Sin embargo ¿es esto realmente cierto en la verdadera geometría del mundo real?. Se puede demostrar que solo será cierto si el triángulo se traza en una superficie plana (con curvatura cero). Si trazamos un triángulo pequeño sobre la superficie de la Tierra se cumplirá, pero si vamos aumentando el tamaño del triángulo no se cumplirá debido a la curvatura de la Tierra.

De modo que ¿cuál es la verdadera geometría del Universo?.

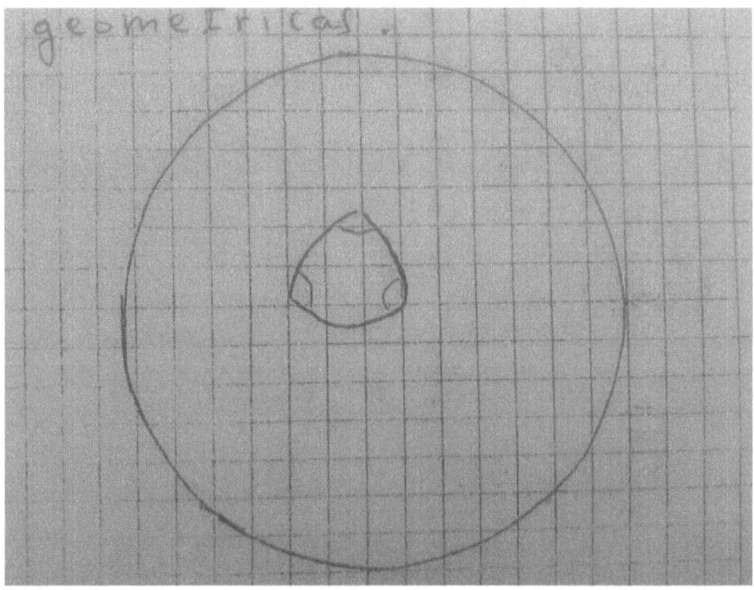

(Ver figura: Si trazamos un triángulo suficientemente grande sobre la superficie de la Tierra, sus tres ángulos sumarán más de 180°. La geometría de Euclides solo se cumple en la superficie de la Tierra como un caso límite, cuando realizamos las mediciones en una porción suficientemente pequeña).

Los experimentos podrían demostrar que la geometría se ve afectada por las propiedades físicas de la materia, la existencia de campos de fuerza, o leyes universales que influyesen en las mediciones geométricas.

De modo que Riemann desarrolló una geometría más general, que aplicase a cualquier clase de espacio, tuviera la estructura que tuviera. Además, para hacerla más general, la geometría se podría extender a cualquier número de dimensiones. Ahora Einstein descubrió que la verdadera geometría del Universo se adaptaba a la geometría prevista por Riemann, y dicha geometría era responsable de lo que conocemos como gravedad. Con la geometría de Riemann, la herramienta matemática que Einstein necesitaba estaba ya lista para su uso. Las fórmulas de esa geometría le sirvieron para calcular hechos que podían ser contrastados con la experiencia. La teoría de Einstein predecía que un rayo de luz seguiría una trayectoria curva al ser afectada por un campo gravitatorio intenso. Esta predicción fue confirmada durante un eclipse de Sol. La luz de una estrella era curvada por el campo gravitatorio del Sol, justo en la medida precisa predicha por la teoría. Además se comprobó que el tiempo se ralentiza al aumentar la intensidad gravitatoria (esto es lo que se quiere decir cuando se habla de que el tiempo es "curvo"). Solo quiere decir que los acontecimientos transcurren más o menos deprisa según la intensidad del campo gravitatorio en el lugar en que se hagan las mediciones. De modo que extendemos el lenguaje que usamos al referirnos a las tres coordenadas espaciales, y decimos que la coordenada temporal también es "curva". Además la teoría de Einstein explicó una anomalía observada en el movimiento del planeta Mercurio, que no había podido ser explicada por la física de Newton. La experiencia por lo tanto ha demostrado la validez de la Relatividad General, la teoría de la gravedad de Einstein.

La "generalidad" de la Relatividad General

La teoría que Einstein desarrolló en 1905, se conoce como relatividad especial o restringida; es la primera que hemos considerado. La extensión que hizo para incluir la gravedad, que completó hacia 1916, es la que acabamos de considerar, y se llama Relatividad General, como hemos dicho. En realidad su "generalidad" no consiste solo en que incluya a la gravedad, sino en algo más profundo.

Desde Galileo sabemos que un sistema de referencia (o sistema de coordenadas) en reposo, no se puede distinguir de otro en movimiento rectilíneo uniforme con respecto a él. Las leyes de la naturaleza, como por ejemplo las leyes del movimiento, se cumplirán y serán las mismas en los dos sistemas. Estos sistemas se llaman inerciales, porque en ellos se cumple la ley de la inercia. Esto se puede expresar así: "Todos los sistemas inerciales son equivalentes para la formulación de las leyes de la naturaleza". Este es el llamado "principio de la relatividad de Galileo". Las leyes de la mecánica de Newton se fundamentan en él. En realidad lo que hizo Einstein fue mostrar que se podían mantener estos dos principios:

1- El principio de la relatividad de Galileo (Fundamental en Mecánica)

2- La constancia de la velocidad de la luz (Tal como aparecía en la formulación de Maxwell del electromagnetismo).

La relatividad especial se basa en esas dos ideas. Así pues, tanto la mecánica de Newton, como la relatividad especial, se cumplen en todos los sistemas inerciales, o sea, los que se mueven con movimiento rectilíneo uniforme unos con respecto a otros. Pero en el Universo todo o casi todo está en rotación, incluyendo a la Tierra, y esos sistemas deben considerarse acelerados, pues el "vector velocidad" cambia su orientación, incluso aunque no cambie su magnitud. ¿Por qué entonces hemos encontrado que la mecánica de Newton y la relatividad especial se cumplen en una amplia variedad de fenómenos?. Porque la Tierra y los demás sistemas de referencia son muy aproximadamente inerciales.

Dicho de otro modo, aunque son acelerados, sus aceleraciones son muy suaves.

Sin embargo la Relatividad General se acerca más a la realidad, porque considera desde el principio como serían las leyes de la naturaleza en cualquier sistema de referencia. Extiende el principio de la relatividad de Galileo y no da preferencia a los sistemas inerciales. El principio de la Relatividad General puede expresarse así: "Todos los sistemas de coordenadas son equivalentes para la formulación de las leyes de la naturaleza", o dicho de otro modo: las leyes de la naturaleza deben ser expresadas de manera que sean las mismas en todos los sistemas de coordenadas; si no fuera así no habría un consenso sobre tales leyes, pues cada observador obtendría fórmulas distintas según su estado de movimiento. Los sistemas inerciales son solo un caso particular del caso más general. Al extender la relatividad especial a sistemas en cualquier estado de movimiento aparece la curvatura del espacio-tiempo, y la gravedad queda explicada como consecuencia de esa "geometría curva". La Relatividad General se ha mostrado más exacta que la teoría de Newton. Si el principio de Relatividad General no se cumpliera en el Universo, como hemos dicho, unos observadores no se pondrían de acuerdo con otros en cuanto a sus leyes más fundamentales, y eso haría que quizá ni siquiera se pudiera hablar de leyes universales.

LA RADIACIÓN DE CUERPO NEGRO: Un descubrimiento que cambiaría drásticamente nuestro entendimiento del mundo

Kirchhoff había descubierto que cuando diferentes cuerpos eran irradiados con radiación térmica, cada uno absorbía una fracción determinada de la radiación y emitía el resto; de modo que cada cuerpo tiene una capacidad diferente para absorber calor; sin embargo el cociente entre la radiación emitida por los diferentes cuerpos, y su capacidad de absorción, es siempre el mismo, de modo que no depende del material o de las características del cuerpo; debía existir por tanto una ley universal para la radiación térmica que aplicase a todos los cuerpos sin importar su naturaleza.

Encontrar la forma de esa ley universal se convirtió en uno de los principales objetivos de los físicos.

Un cuerpo que tuviese la máxima capacidad de absorción, retendría toda la radiación que recibiese, por lo que se le llamó "cuerpo negro"; sería el absorbente perfecto.

Si elevase su temperatura sería también el emisor ideal, puesto que un cuerpo cuando es calentado, emite las mismas frecuencias que recibe cuando no lo es.

Wien, a partir de consideraciones termodinámicas, indicó que la fórmula universal buscada debía ser una función del cociente entre frecuencia y temperatura.

Medir experimentalmente la radiación de cuerpo negro sería una guía y al mismo tiempo una confirmación de la ley teórica que se propusiese.

Pero hasta los cuerpos que parecen negros a nuestra vista, en general emiten en el infrarrojo en forma de calor. Sin embargo se podía usar una cavidad con un diminuto orificio; la radiación entraría en él y empezaría a viajar entre sus paredes internas, siendo despreciable la probabilidad de que volviese a salir por el orificio, de modo que éste se podría considerar un cuerpo negro, un absorbente ideal; ocasionalmente la radiación podría salir por el orificio, perdiendo las paredes energía y enfriándose, pero recuperarían pronto el anterior estado térmico con la radiación que entrase; de modo que el orificio se comportaría como un cuerpo negro, absorbiendo toda la energía que le llega y a su vez emitiendo toda la correspondiente.

De esta forma se obtuvieron gráficas experimentales de la radiación de cuerpo negro. Estas presentaban un máximo en la región de frecuencias intermedias, mientras que tanto las frecuencias bajas como las altas contribuían poco a la intensidad de la radiación.

Wien propuso una fórmula que daba resultados que se ajustaban bien en el extremo de las frecuencias altas, pues su fórmula incluía un término de decrecimiento exponencial al aumentar la energía, y las frecuencias altas corresponden a energías altas de los osciladores que las generan. Pero para las frecuencias bajas las predicciones no coincidían con las observadas experimentalmente.

Max Planck, dedujo otra fórmula parecida; en aquel tiempo, Boltzmann y otros habían obtenido explicaciones de las leyes de la termodinámica basadas en la existencia de los átomos y moléculas, aplicando las leyes de la mecánica clásica a grandes cantidades de ellos, usando métodos estadísticos. La temperatura era considerada como resultante de la energía cinética de las partículas dentro de un recipiente. El choque incesante de las partículas contra las paredes del recipiente determinaba la presión, de modo que la temperatura era proporcional a la energía promedio de las partículas, y la constante de proporcionalidad "k" se denominaba "constante de Boltzmann".

En el equilibrio térmico, es decir, cuando todas las partículas, tras sus incesantes choques intercambiando velocidad, alcanzaban aproximadamente la misma energía, se aplicaba la ley de equipartición, asignando la misma energía y por tanto la misma velocidad a cada partícula.

Pero en aquel tiempo la teoría atómica era considerada como una hipótesis, y no se consideraba como algo totalmente probado; las leyes de la termodinámica eran consideradas por muchos físicos como leyes universales, no reducibles a otras, y por tanto no consideraban necesario que tuviesen que ser explicadas por la mecánica estadística.

Max Planck era consciente de la importancia de encontrar la ley universal de la radiación térmica hacia la que señalaba el descubrimiento de Kirchhoff, y además, aunque era tolerante con las interpretaciones estadísticas, consideraba también las leyes de la termodinámica y el electromagnetismo como leyes universales irreducibles.

Imaginó un modelo de cuerpo negro como una cavidad cuyas paredes contenían osciladores eléctricos que emitían en todas las frecuencias. Para encontrar la ley de radiación en el equilibrio térmico, se vio obligado a utilizar los métodos estadísticos, y también la ley de equipartición de la energía entre los diferentes osciladores.

Si suponía que la energía era absorbida y emitida de forma continua, tomando ésta cualquier valor, al ser infinito el rango de valores, las formas posibles de repartir la energía disponible entre los osciladores eran infinitas, y no había manera de hallar una solución.

De modo que se vio llevado a suponer que la energía de los osciladores no podía tomar cualquier valor, sino solo un valor determinado proporcional a su frecuencia; introdujo una constante de proporcionalidad entre energía y frecuencia, que fue llamada "h".

Los osciladores de frecuencia baja contribuirían poco a la intensidad de la radiación, aun cuando hubiese muchos, debido a que "h" tenía un valor muy pequeño; por otra parte los osciladores de alta frecuencia requerirían mucha energía, de modo que habría pocos, pues la energía disponible a repartir no podía ser ilimitada; el número de osciladores de frecuencias intermedias, en cambio, podía ser mucho mayor, y por tanto serían los que más contribuirían a la intensidad de la radiación, explicando así el máximo en la gráfica que se obtenía en los experimentos.

Aunque la "equipartición" funcionaba en la mecánica estadística, y se asignaba la misma cantidad de energía a cada partícula al alcanzar el equilibrio térmico, no ocurría lo mismo con la radiación; a cada frecuencia le correspondía una cantidad de energía distinta, pero siempre un múltiplo de la constante "h".

Los físicos ingleses Rayleigh y Jeans intentaron obtener la ley de radiación a partir del electromagnetismo clásico; la fórmula que obtuvieron concordaba bien con los valores experimentales en la zona de frecuencias bajas, pero para las frecuencias altas predecía una energía que crecía sin límite, lo que evidentemente no ocurría, de modo que se llamó a ese resultado "catástrofe ultravioleta".

Era la fórmula de Planck la que concordaba con los experimentos; todo esto señalaba hacia la necesidad de una revisión de algunos de los conceptos de la física clásica.

Para estar de acuerdo con los valores experimentales había que admitir que la energía no se emite con cualquier valor, sino solo con unos valores determinados que son todos múltiplos de la constante "h".

Pero ¿qué es "h"?. Despejémosla de la fórmula y veamos lo que obtenemos. La fórmula es $E = h \, v$. La frecuencia de un oscilador es el número de ciclos por unidad de tiempo; el periodo es el tiempo invertido en un ciclo completo. Supongamos una frecuencia de 2 vueltas o ciclos por segundo. Tiene que dar una vuelta en medio segundo. El periodo es por tanto ½ segundo por vuelta o ciclo. De modo que el periodo es el inverso de la frecuencia. Podemos por tanto escribir la fórmula de Planck así:

$$E = h \cdot 1/t, \text{ y despejando } h, \; E \cdot t = h$$

Por tanto "h" tiene dimensiones de energía por tiempo; es lo que en mecánica denominamos acción.

EINSTEIN PONE EN MARCHA LA TEORÍA CUÁNTICA:
El efecto fotoeléctrico

Se había descubierto que al incidir la luz sobre determinados metales, el impacto energético conseguía arrancar electrones del metal, haciéndolo conductor (ese es el fundamento de la célula fotoeléctrica, las placas de energía solar fotovoltaica, las placas fotosensibles de las cámaras de televisión y vídeo, etc.). Sin embargo al aumentar la intensidad de la luz, no aumentaba la energía de los electrones arrancados, pero al cambiar el color sí. El color depende de la frecuencia de la luz. En 1905, el mismo año en que sentó las bases de la relatividad especial, Einstein publicó otro artículo en el que explicó el efecto fotoeléctrico basándose en la fórmula $E = h\,v$. Según ella, la frecuencia "v" determina la energía de la luz incidente, y por lo tanto los electrones del metal adquieren más o menos energía dependiendo de la frecuencia (color), y no de la intensidad de la luz que se use. A cada valor determinado por la fórmula $E = h\,v$ se le puede considerar un "cuanto" de energía luminosa o "fotón". Al aumentar la intensidad, aumenta el número de "fotones", y cada fotón incide sobre un electrón. Por tanto, si aumenta la intensidad, aumenta el número de electrones arrancados, pero no su energía. La fórmula $E = h\,v$, que Max Planck introdujo para explicar la radiación de cuerpo negro, explicaba también el efecto fotoeléctrico, lo que indicaba que encerraba alguna verdad profunda sobre el mundo físico.

Curiosamente, el hallazgo de Planck no tuvo un impacto inmediato en la comunidad física, aunque se reconocía que explicaba correctamente la curva experimental de la radiación de cuerpo negro; parece ser que el propio Planck se pasó los siguientes años intentando encajar su hallazgo con la física clásica.

Pero fue Einstein, quien con la perspicacia y audacia que le caracterizaban, se tomó en serio el hecho de que la luz podía tener un comportamiento dual, presentando características de onda y de partícula, y consiguió explicar el efecto fotoeléctrico, y esto jugó un papel muy importante en que los físicos consideraran la cuantización de la energía como algo a tener en cuenta.

RUTHERFORD DESCUBRE EL NÚCLEO DEL ÁTOMO

La naturaleza eléctrica de la materia

Los primeros estudios de los fenómenos eléctricos y magnéticos, de los que ya hablamos, demostraban claramente la naturaleza eléctrica de la materia. Al igual que la gravedad y la luz, las fuerzas eléctricas y magnéticas brotaban de la materia en determinadas circunstancias. Las propiedades eléctricas de la materia también arrojarían luz sobre su estructura, y así se podrían combinar los resultados que se obtuviesen al estudiar las propiedades eléctricas, con los de la teoría atómica.

Se descubrió, ya en tiempo de Faraday, que una corriente eléctrica podía separar los átomos componentes de las moléculas de una sustancia. Eso sugería que el enlace atómico era de naturaleza eléctrica. Este fenómeno se denomina "electrólisis". La pila de Volta ya indicaba que había relación entre fenómenos químicos y eléctricos, puesto que se generaba electricidad a partir de procesos químicos. Faraday experimentó con la electrólisis e hizo mediciones. Descubrió que para depositar en uno de los electrodos un mol de sustancia, se necesitaba siempre la misma cantidad de carga eléctrica, independientemente de la sustancia que fuera. Concretamente 96.500 culombios, en números redondos. Como ya vimos, en un mol de cualquier sustancia hay el mismo número de partículas, el Número de Avogadro. El número de Faraday (96.500 culombios), sugería que existe una cantidad elemental de electricidad, o carga eléctrica elemental. Si se supone que cada partícula transporta una unidad de carga, el número de Faraday debe ser igual al número de partículas depositadas en el electrodo (un mol), multiplicado por el valor de la carga elemental; o sea el número de Avogadro por la carga que transporta cada partícula:

96.500 culombios = Número de Avogadro x carga elemental

$$F = N_a \cdot e$$

Bastaría conocer el número de Avogadro para conocer el valor de la carga eléctrica elemental, o a la inversa , sabiendo el valor de la carga elemental , determinar el número de Avogadro. (En la actualidad se conocen los dos números con bastante exactitud).

Esta explicación de la electrólisis sugiere que un átomo neutro (no ionizado, no cargado eléctricamente) contiene una cantidad de carga eléctrica positiva y la misma cantidad de carga eléctrica negativa, siendo esta carga, siempre un múltiplo entero de la carga elemental. El átomo podría no ser indivisible, sino componerse de partículas con carga positiva y partículas con carga negativa. (La palabra "átomo" viene del griego, y significa "sin partes", o sea indivisible; a pesar de que la idea ha cambiado, la palabra se sigue manteniendo).

El modelo atómico de Thompson

Thompson sugirió que el átomo podría consistir en una esfera de carga eléctrica positiva en la que se encontraban incrustadas partículas más pequeñas de carga eléctrica negativa, o electrones, como si se tratase de un pastel de pasas.

El modelo nuclear de Rutherford

La radiación emitida espontáneamente por los elementos radiactivos fue sometida a campos eléctricos o magnéticos y resultó consistir en tres tipos de rayos, llamados α, β, γ, las tres primeras letras del alfabeto griego. Las partículas alfa se desviaban como si tuvieran carga eléctrica positiva (eran núcleos de helio). Las partículas beta eran de carga negativa (electrones), y los rayos gamma no se desviaban (eran ondas electromagnéticas). Rutherford lanzó partículas α contra una lámina fina de oro, y descubrió para su sorpresa que la mayoría la atravesaban, y solo unas pocas eran desviadas o rebotaban. La mayor parte atravesaban la lámina y eran detectadas al otro lado, como si hubieran atravesado átomos con grandes espacios vacíos. Las que rebotaban o eran desviadas, debían ser las que daban en los lugares donde se concentraba la carga, o en sus proximidades.

A partir de estos experimentos Rutherford propuso un modelo del átomo en el que la carga positiva estaba concentrada en un núcleo diminuto (cuyas dimensiones se pudieron estimar, y resultó ser muchísimo más pequeño que el tamaño del átomo), rodeado de los electrones girando alrededor. Se parecía a un Sistema Solar en miniatura. Sin embargo había una dificultad. Si se aplican las leyes clásicas del electromagnetismo, el electrón debería radiar al moverse en torno al núcleo, generando magnetismo al ser una carga en movimiento. Al hacerlo perdería energía (transmitiéndola al campo magnético generado), lo que haría que se acercase más al núcleo por la atracción eléctrica. Seguiría perdiendo energía, y finalmente, en un tiempo muy breve, se precipitaría contra el núcleo. El modelo de Rutherford explicaba la dispersión de partículas α, pero según la física clásica era inestable.

EL MODELO ATÓMICO DE BOHR

La Teoría cuántica "salva" al átomo: El modelo de Bhor

Niels Bohr pensó que la fórmula $E = h \nu$, que servía para explicar la radiación de cuerpo negro y también el efecto fotoeléctrico, podía ser la clave para evitar el colapso del átomo de Rutherford. La aplicación del electromagnetismo clásico no funcionó para explicar la radiación térmica de cuerpo negro, pues la fórmula de Rayleigh-Jeans predecía la llamada "catástrofe ultravioleta", que evidentemente no ocurre; la aplicación rigurosa del electromagnetismo clásico era también la que predecía el colapso del átomo de Rutherford; pero si la energía no puede tomar cualquier valor, el electrón en órbita no podría radiar de manera continua, como predecía el electromagnetismo. Probablemente esa limitación cuántica evitaría que se precipitase hacia el núcleo. El electrón no puede ir pasando por un rango continuo de valores de energía siguiendo una espiral continua hasta el núcleo. En lugar de esa espiral, Bohr conjeturó que habría ciertas órbitas "estables" en las cuales el electrón podría permanecer sin radiar energía en forma de magnetismo. Al recibir un fotón de energía:

$$E = h\,\nu$$

el electrón gana energía y pasa a una órbita superior. A la inversa, si el electrón emite un fotón, se deshace de una cantidad de energía de valor "$E = h\,\nu$" y pasa a una órbita inferior. Al pasar de una órbita a otra el electrón realiza un "salto cuántico", de un estado energético a otro, No hay valores de energía intermedios puesto que la energía solo puede tomar los valores discontinuos permitidos por la fórmula cuántica. Por lo tanto en el modelo de Bohr no cabe pensar en el electrón recorriendo una trayectoria al ir de una órbita "estable" a otra. Más bien es como si el electrón desapareciese de una órbita y automáticamente apareciese en otra. Era un poco misterioso, pero en física ya estamos acostumbrados a eso. Como dijimos, la búsqueda de las leyes del Universo es como un viaje a territorio desconocido. Podemos llevarnos sorpresas y encontrar cosas que no nos parezcan "normales". Pero ¿por qué consideramos "normal" una cosa?; porque funciona según las normas a las que estamos acostumbrados. Pero al investigar en nuevos dominios las normas pueden ser otras. Si desde pequeños hubiésemos visto que las cosas "normalmente" aparecen o desaparecen, o desaparecen de un lugar y aparecen en otro, porque hubiésemos nacido en un mundo con esas propiedades, estaríamos acostumbrados a esas leyes o normas y no nos resultarían extrañas.. Según la teoría cuántica percibimos el mundo a saltos. En realidad no es tan difícil de entender. Cuando vamos a ver una película al cine, lo que vemos es una sucesión muy rápida de imágenes fijas que crean la "ilusión", o tal vez sería más correcto decir que generan en nosotros la percepción de movimiento continuo, sin interrupciones entre una imagen estática y otra. En realidad la pantalla permanece oscura tanto tiempo como el que permanece iluminada. Entre la aparición instantánea de un fotograma y la aparición instantánea del siguiente, hay un momento en que la pantalla está oscura. La proyección de una película es en realidad una proyección muy rápida de imágenes fijas; el proyector de cine, es como un proyector de diapositivas que pasa de una imagen a otra con mucha rapidez. Se solía decir que no percibimos los intervalos de oscuridad debido a la persistencia de la imagen en la retina, pero de acuerdo con la moderna neurociencia parece que son las regiones cerebrales encargadas del procesamiento de la información visual, las que, de alguna manera, "mantienen" la información contenida en cada fotograma estático, generando nuestra percepción de movimiento continuo y sin interrupciones. Según la teoría cuántica también percibimos la naturaleza a saltos, como una secuencia de percepciones discontinuas, igual que las películas. No nos damos cuenta del llamado "salto cuántico" debido al pequeñísimo valor de la constante h, que cuantiza la energía en valores discontinuos pero muy próximos entre sí (en otras interpretaciones de la teoría cuántica, posteriores a la original, se cuestiona si es apropiado hablar de "saltos cuánticos"; el "problema de la medida", lo que le ocurre a la "onda" cuando se hace una observación, si desaparece o no, y cómo debe interpretarse la mecánica cuántica, es todavía un asunto que se sigue investigando). Tal como entre un fotograma y otro de la película no hay nada sino oscuridad, según la teoría cuántica, en el mundo de nuestras percepciones no existen los valores intermedios de energía, ni los pasos intermedios que supuestamente debería recorrer el electrón al pasar de una órbita a otra. Esa supuesta trayectoria no existe, no se manifiesta. Las leyes de la naturaleza, según la teoría cuántica, son tales, que no permiten la aparición en el mundo físico, (el mundo que observamos, el mundo de nuestras percepciones) de ciertos valores de las variables que caracterizan el movimiento del electrón (u otra partícula). Por lo tanto podemos decir que en el mundo de nuestras percepciones (es decir, aquello que nosotros podemos observar o medir), esos valores no existen.

El concepto de trayectoria en teoría cuántica, aunque existe, tiene un significado diferente y más limitado que en la física clásica (aunque desde otro punto de vista quizá sería más correcto decir "más ampliado"). En realidad, según la física clásica también, cuando observamos y medimos la trayectoria de un móvil, lo que medimos es una sucesión de sus posiciones en intervalos de tiempo muy reducidos. Si no pudiésemos hacer las mediciones en intervalos de tiempo que consideramos "infinitesimales", la trayectoria también daría saltos: los valores de las posiciones sucesivas serían discontinuos. La física clásica supone que se pueden medir las posiciones en intervalos de tiempo infinitamente cortos, pero en la práctica no es así, aunque hay técnicas matemáticas que permiten, al menos en teoría, hacer cálculos sobre "trayectorias continuas" con el grado de aproximación y precisión que se quiera o se precise, el cálculo infinitesimal, que también es preciso utilizar en teoría cuántica, tal como es entendida hasta ahora.

No obstante la teoría cuántica parece ofrecer más perspicacia sobre el concepto de "movimiento". Nos conduce a un análisis cuidadoso de conceptos sobre la realidad que habíamos dado por sentado, tal como la relatividad nos dio más perspicacia sobre conceptos como "espacio", "tiempo", "masa" y "energía".

El modelo de Bohr y el espectro del hidrógeno

La luz que emite un material se puede descomponer por medio de un espectroscopio. Se hace pasar la luz por un prisma de vidrio, y se divide o fracciona. Por ejemplo la luz blanca se descompone en colores. Esto se debe a que, como ya vimos, cada color , al tener diferente longitud de onda, se desvía en un ángulo determinado al atravesar el prisma; cuando cada frente de onda entra por una cara del prisma formando un ángulo oblicuo con dicha cara, las diferentes partes de ese frente de onda van entrando en el material del prisma en tiempos ligeramente diferentes, y como la luz viaja a menor velocidad dentro del prisma, las partes del frente de onda que van entrando antes se van frenando primero que las que van entrando después; esto ocasiona el desvío. Cuando la luz sale por la otra cara del prisma, ya fraccionada o refractada, e ilumina o se proyecta sobre alguna superficie o pantalla, observamos lo que se llama un espectro de franjas de varios colores. Cada sustancia emite un espectro diferente, debido a que su constitución atómica o molecular es distinta a la de otras, y esto influye en los valores de sus frecuencias de emisión (así como en las de absorción), ya que tales frecuencias dependen de las distintas interacciones de la luz y otras radiaciones con las partículas que componen cada átomo o molécula (como vimos antes, las diversas frecuencias de las radiaciones entrantes y salientes que interaccionan con los electrones, determinan los valores de la energía absorbida y emitida de acuerdo con la fórmula cuántica, en la que el valor de la energía viene dado por la frecuencia multiplicada por la constante de Planck) . Esto resulta muy útil, por ejemplo para los químicos y los astrofísicos, puesto que se puede deducir la composición de un objeto (los átomos o moléculas que lo constituyen), analizando la luz que emite. Bohr aplicó su modelo del átomo al elemento más sencillo, el hidrógeno, puesto que solo contiene un electrón, y el modelo predijo correctamente las líneas o bandas observadas en el espectro. Cada línea corresponde a una frecuencia emitida por el átomo, al efectuar una transición de un estado energético a otro. Sin embargo, una observación más afinada del espectro del átomo de hidrógeno, reveló que cada línea se componía de varias líneas muy próximas entre sí. Eso indicaba más niveles de energía posibles para el electrón en el átomo. Aparecieron más líneas aún al someter al átomo a un campo magnético: Para explicar esas nuevas frecuencias se amplió el modelo original de Bohr. En primer lugar se supuso que podrían existir órbitas elípticas, y no solo circulares; en segundo lugar tal vez la órbita podría tomar diferentes orientaciones espaciales; además el electrón podría girar en torno a sí mismo en dos sentidos distintos. Así, se imaginaron más grados de libertad para el electrón, lo que redundaría en más posibles estados energéticos, y eso podría explicar las nuevas líneas observadas en el espectro; las órbitas elípticas, por ejemplo, implicarían que la distancia del electrón al núcleo variaría al recorrer la órbita (como en el caso de los planetas al girar en torno al Sol); para cada distancia la atracción eléctrica sería distinta, y por tanto cambiaría la velocidad y energía cinética del electrón; por otro lado, al ser una carga eléctrica en movimiento se puede considerar al electrón como un pequeño imán, pues una carga en movimiento genera magnetismo; al someterlo a un campo magnético, tanto la orientación espacial de la órbita con respecto al campo magnético, como su supuesto sentido de giro en torno a su supuesto "eje", influirían también en los valores de la energía de origen magnético debida a la interacción entre el campo magnético aplicado y el propio magnetismo generado por el electrón, ya que la fuerza magnética, al igual que otras fuerzas, es una magnitud vectorial, y por tanto su orientación (en este caso con respecto a la orientación del campo magnético aplicado) influye en el efecto que tendrá dicha fuerza, y por tanto en la energía que se obtendrá al aplicarla. De modo que se podía caracterizar el estado del electrón en el átomo por medio de cuatro números, llamados números cuánticos, que determinaban sus posibles grados de libertad, y por tanto sus estados energéticos.

EL PRINCIPIO DE EXCLUSIÓN DE PAULI Y LA TABLA PERIÓDICA

Wolfgang Pauli propuso el llamado "principio de exclusión", según el cual, en un átomo no puede haber dos electrones con los mismos números cuánticos, o sea, en el mismo estado energético; de modo que en átomos con varios electrones, estos deben irse organizando y escalonando en los diferentes niveles energéticos permitidos. Esta resultó ser la explicación de la Tabla periódica. Los elementos con propiedades químicas parecidas tienen el mismo número de electrones en su última capa. Si el átomo de un elemento no tiene suficientes electrones para completar todos sus niveles energéticos permitidos, tenderá a captarlos de otros átomos, debido a la tendencia de todos los sistemas físicos a conseguir un estado de energía equilibrado y estable (por ejemplo, si aplicamos una fuerza para estirar una goma, está tendrá más energía debido a que está más tensa, pero si la soltamos su tendencia será la de deshacerse de esa energía adicional y volverá a su estado natural de menor energía). De modo que habrá átomos que se mantendrán unidos por medio de compartir electrones, formando así una molécula en la que cada átomo componente, usando un lenguaje metafórico, no se "sentirá tenso", por decirlo así (como en el ejemplo de la goma), al encontrarse la molécula en un estado estable natural de energía, estado en el que no se encontraban los átomos componentes antes de asociarse para formar la molécula. Eso explica el "por qué" del enlace químico, mediante el cual los átomos se unen o asocian para formar moléculas. Los elementos químicos con sus niveles completos, como los gases nobles o inertes, no son químicamente activos y no tienden a formar compuestos; se mantienen estables. Otros elementos son muy activos químicamente porque necesitan asociarse con otros átomos para completar sus niveles de energía permitidos. De hecho, los gases nobles ocupan una sola columna de la tabla periódica, pero la mayor parte de los elementos de ésta son activos químicamente, en mayor o menor grado. Eso permite la formación de una cantidad inmensa de moléculas distintas con diferentes propiedades, y da lugar a que haya mucha actividad química; y eso genera gran cantidad de procesos naturales de cambio, y los importantes procesos de la vida misma; la digestión, por citar un ejemplo, implica una cantidad considerable de reacciones químicas que proporciona a los seres vivos la energía que necesitan, y los materiales estructurales que regeneran sus organismos; toda la actividad celular es posible debido a reacciones químicas; de hecho se podría quizás decir que consiste en ellas, así como todo el funcionamiento coordinado de los diferentes órganos que componen a los seres vivos. De modo que sin reacciones químicas no habría vida, tal como la conocemos, ni otros procesos naturales; sería como si todo estuviese "congelado".

MECÁNICA CUÁNTICA I : Las matrices de Heisenberg

La nueva mecánica cuántica

A medida que hubo que ir añadiendo nuevas ideas al modelo original de Bohr, para ajustarse a los hechos experimentales, los físicos fueron pensando que tal vez lo que se necesitaba era una reformulación total de la mecánica. Después de todo, Bohr solo utilizó la fórmula $E = h \nu$, y la cuantización del momento angular. Pero en cierto modo, su modelo era una mezcla de esas ideas cuánticas con ideas de la mecánica clásica: Ya que la energía es una magnitud derivada, que se obtiene a partir de otras más fundamentales, como la longitud y la velocidad, tal vez modificando de la manera correcta las magnitudes fundamentales, de forma que al llegar a la energía se obtuviese la fórmula $E = h \nu$, se conseguiría comprender la razón oculta que hay tras la fórmula cuántica. Se necesitaba por lo tanto una nueva mecánica, una mecánica cuántica.

Las matrices de Heisenberg

Werner Heisenberg, era uno de los que trabajaban en dilucidar los problemas del modelo atómico de Bohr. Se convenció de la necesidad de construir una teoría que se basase solo en las magnitudes observables. Las órbitas estacionarias o estaciones en las que el electrón en el átomo no radiaba, no eran observables. En realidad lo único que observamos del átomo son las frecuencias e intensidades del espectro que emite. De modo que Heisenberg se propuso descubrir las reglas matemáticas que relacionasen las variables fundamentales que caracterizan el movimiento del electrón, su posición y su velocidad, con las frecuencias observadas. Obtuvo los valores experimentales de las frecuencias que eran emitidas o absorbidas cuando los átomos pasaban de un estado energético a otro y dispuso en forma de tabla tales valores para las transiciones entre estados; a partir de ahí, considerando el átomo como un simple oscilador, y después de mucho trabajo, dedujo a partir de las tablas de valores experimentales, las reglas matemáticas que había que utilizar para calcular todas las posibles transiciones.

Cuando finalmente los cálculos encajaron, se podían calcular las frecuencias observadas operando con esas tablas (por ejemplo, utilizando una tabla numérica o matriz para los posibles valores de la coordenada de posición, y lo mismo para otras variables, y operando entre ellas). Max Born y Pascual Jordan descubrieron a partir del trabajo de Heisenberg lo que se llamó "la relación mecano-cuántica fundamental":

$$p\,q - q\,p = h / 2\pi\,i$$

donde "p" es la matriz (o tabla numérica) de momentos, que da las posibles velocidades del electrón (p = m v), "q" es la matriz de coordenadas, h es la constante de Planck, e $i = \sqrt{-1}$. El producto "p q" no es conmutativo, porque "p" y "q" no representan aquí números normales, sino tablas numéricas o matrices.

A partir de esa relación fundamental de coordenadas y momentos se llegaba a la fórmula correcta E = h v.

MECÁNICA CUÁNTICA II: Las ondas de De Broglie

La idea de De Broglie

Estaba ya muy claro que la fórmula E = h v tenía que ser tomada en serio como una ley de la naturaleza. Cuando Einstein la utilizó para explicar el efecto fotoeléctrico, introdujo la noción de una especie de naturaleza dual de la luz; cada cuanto de energía transmitía su energía a un único electrón, que era considerado como una partícula puntual clásica, con una posición bien definida en el espacio; esto daba la idea de que cada cuanto de energía luminosa poseía en ese momento también una posición puntual bien definida, como si se tratase de una "partícula de luz" o "fotón"; pero al mismo tiempo, la fórmula contenía un término para la frecuencia, que es una propiedad característica de las ondas, de los procesos ondulatorios y oscilatorios; no se podía cambiar la fórmula eliminando ese término, pues precisamente la frecuencia (color) de la luz, era la que determinaba la energía que se transmitía al electrón, y concordaba con los resultados experimentales sobre el efecto fotoeléctrico; por supuesto se podía pensar que tanto el electrón como el fotón eran partículas puntuales que oscilaban, pero que en el momento de intercambiar energía coincidían en una determinada posición; de hecho la idea que se tenía entonces (puesto que no se conocía la estructura interna del átomo), era que, o bien el propio átomo, o "algo" en él, tenía que estar oscilando, dando origen a la luz y otras radiaciones que brotaban de la materia. Anteriormente había habido un debate histórico sobre si la luz consistía en "partículas" o en "ondas", pero para ese tiempo, se consideraba bien establecido que la luz consistía en ondas electromagnéticas; no solo se habían hecho experimentos en los que se cruzaban haces de luz y se producían fenómenos evidentes de interferencia, típicos de las ondas, sino que la teoría de Maxwell del electromagnetismo predecía claramente la generación de ondas electromagnéticas, cuya velocidad era justamente la velocidad de la luz. La explicación del efecto fotoeléctrico por medio de la fórmula $E = h\nu$, ahora parecía indicar que la luz mostraba un comportamiento dual, con características tanto de onda como de partícula.

Entonces Louis De Broglie propuso que, por razones de simetría, las mismas fórmulas tal vez podrían aplicar no solo a la luz, sino también a otras manifestaciones energéticas, como el electrón; de ser así, si la fórmula $E = h\nu$ se aplicaba, no solo a la radiación emitida y absorbida, sino también a la materia (en este caso, al electrón), habría que asociar una frecuencia al electrón. En ese caso, este podría también manifestar características ondulatorias, como la luz. De Broglie entonces realizó unos cálculos matemáticos sencillos, usando las dos fórmulas de la energía:

$$\text{"}E = h\,\nu\text{" y "}E = m\,c^2\text{"}$$

Si fuese cierto que estas dos fórmulas aplicaban igualmente tanto a la materia como a la radiación, y ambas podían manifestar características tanto de onda como de partícula, las dos expresiones se podrían igualar (de acuerdo con el principio de conservación de la energía), pues se las podía considerar dos maneras distintas de calcular el valor de la energía de todas las entidades que manifestasen tal dualidad "onda-partícula".

Igualando las dos expresiones de la energía obtenemos:

$$h\,\nu = m\,c^2$$

En el movimiento ondulatorio la longitud de onda nos indica el espacio recorrido por la onda en cada ciclo y el periodo es el tiempo invertido en completar un ciclo.

De esas dos magnitudes calculamos la velocidad de la onda:

$$\text{velocidad} = \text{espacio/tiempo} = \text{longitud de onda/periodo}$$

pero ya sabemos que el periodo es el inverso de la frecuencia:

$$\nu = 1/t$$

de modo que:

velocidad = longitud de onda / periodo = longitud de onda x frecuencia = $\lambda\,\nu$

En la fórmula $h\,\nu = m\,c^2$, c es la velocidad, por tanto aplicando la relación entre velocidad de la onda, longitud de onda y frecuencia, tenemos que:

$$c = \lambda\,\nu \quad \text{y} \quad \nu = c/\lambda$$

de modo que:

$$E = h \nu = h (c / \lambda), \text{ por tanto } E = m c^2 = h (c / \lambda)$$

Despejamos de aquí la longitud de onda λ :

$$m c^2 = h (c / \lambda); \lambda m c^2 = h c; ; \lambda = h c / m c^2; \lambda = h / m c$$

Pero si tenemos una partícula cuya velocidad es v en vez de c (que es la velocidad de la luz), entonces la fórmula será:

$$\lambda = h / m v$$

Se podía así asociar al electrón una longitud de onda. Esta idea suministraba una posible explicación de las órbitas permitidas de Bohr. Según la idea de De Broglie, las órbitas cuya longitud no permita encajar un número entero de longitudes de onda, se anulan debido al conocido fenómeno de interferencia entre ondas, como se ve el gráfico:

97

(Ver figura):

Órbita permitida: un número entero de longitudes de onda encajan en la longitud 2 π r de la circunferencia de radio r.

Órbita no permitida: Las órbitas interfieren consigo mismas y se anulan por interferencia destructiva.

Se obtenía así una explicación de la cuantización del momento angular que había sido postulada por Bohr. Como vimos, en el modelo de Bohr, no todos los radios estaban permitidos, de modo que había que suponer que el momento angular, el producto mvr, estaba cuantizado en unidades enteras de h / 2 π.

Expresado en forma matemática el supuesto que Bohr tuvo que introducir era:

$$mvr = n \times (h / 2 \pi)$$

siendo n un número entero. Sin embargo no se comprendía por qué era así; Bohr se basó para obtener la fórmula concreta e incluir en ella el término 2 π, en datos experimentales obtenidos de los espectros.

La idea de De Broglie explicaba ahora la razón para el supuesto de Bohr: En la longitud de una circunferencia de radio r permitido, deben encajar un número entero de longitudes de onda. Por tanto tiene que cumplirse que:

$2 \pi r = n \lambda$, y como $\lambda = h / mv$, entonces $2 \pi r = n \times (h / mv)$, de donde $mvr = n (h / 2 \pi)$, que es el postulado de Bohr.

MECÁNICA CUÁNTICA III: La ecuación de Schrödinger y la formulación de Dirac

La formulación de Dirac, la mecánica matricial, y la mecánica ondulatoria.

En Inglaterra, Paul Dirac seguía con interés los avances en mecánica cuántica y desarrolló su propia formulación, una notación con una forma de álgebra semejante a la mecánica matricial o de matrices de Heisenberg. También en ella se obtenía como relación mecánico-cuántica fundamental, la fórmula:

$$p\,q - q\,p = h / 2 \pi i$$

El físico austriaco Erwin Schrödinger, por su parte, desarrolló la mecánica ondulatoria. Esta es una extensión de las ideas de De Broglie sobre las ondas de materia, o sea, las posibles órbitas ondulatorias del electrón. Recordamos que la condición de De Broglie era que solo un número limitado de órbitas eran posibles: aquellas que contuvieran un número entero de longitudes de onda. Schrödinger pensó que esto, a su vez, conduciría a los valores cuantizados de la energía para concordar con la fórmula de Planck. Con eso en mente dedujo la forma que debería tener la ecuación de onda que describe al electrón.

La fórmula de la energía cinética es: $E = \frac{1}{2} m v^2$. Si multiplicamos el numerador y el denominador por m, la fórmula puede escribirse así:

$$E = \frac{1}{2} m v^2 . (m / m) = m^2 v^2 / 2 m = p^2 / 2 m$$

Es corriente en física llamar a la ecuación de la energía "Hamiltoniano", y denotarlo por H. De modo que podemos poner:

$$H = (p^2 / 2m) + V$$

donde "V" es la energía potencial.

En física clásica H y p, pueden tomar cualquier valor. En física cuántica no. Ahora hay que determinar cómo hay que modificar p para cumplir con la condición de De Broglie. Recordamos que De Broglie estableció una relación entre longitud de onda, constante de Planck y momento lineal:

$$\lambda = h / m\, v = h / p, \text{ y } p = h / \lambda$$

De modo que el momento lineal "p" solo podrá tomar los valores permitidos por la condición de De Broglie, y en consecuencia la energía también tomará solo determinados valores: Esto ya nos permite ir comprendiendo la razón para la cuantización de la energía. Se trata de lo que los físicos y matemáticos llaman una "condición de contorno o de frontera". En este caso se trata del hecho de que una onda confinada en una región limitada del espacio, no puede vibrar u oscilar en cualquier modo, sino solo en aquellos que permitan encajar un número entero de longitudes de onda en el espacio en el que la onda está confinada; como vimos, cualquier otro modo haría que la onda se anulase por interferencia destructiva; lo mismo ocurre, por ejemplo con las vibraciones posibles de, digamos una cuerda de violín, ya que la cuerda está confinada en una región del espacio, al estar unidos al violín sus dos extremos.

En el estudio del movimiento ondulatorio, se llama número de onda k al número de longitudes de onda que caben en la longitud 2π de una circunferencia, de modo que se tenga que:

$$k\,\lambda = 2\,\pi \,; k = 2\,\pi / \lambda$$

Ahora relacionemos esto con la condición de De Broglie:

$\lambda = h / p$; como $k = 2 \pi / \lambda$, podemos poner $k = (2 \pi / 1) : (h / p) = 2 \pi p / h$

y despejando de aquí el momento "p" tenemos:

$$k = 2 \pi p / h; \ h k / 2 \pi = p$$

Abreviamos $h / 2\pi$, con el símbolo $\hbar$ (h, barra), y tenemos entonces que :

$$p = \hbar k$$

Ahora podemos usar esa expresión de "p" en la fórmula de la energía:

$$\widehat{H} = (\hat{p} / 2 \ m) + V = (\hbar k^2 / 2m) + V$$

Se coloca un acento circunflejo sobre H y p, para indicar que hemos "cuantizado" la fórmula clásica para la energía, o sea el Hamiltoniano; es decir la hemos modificado en la medida necesaria para que se cumpla la condición de De Broglie, y se obtengan a partir de ella los valores de energía permitidos por la teoría cuántica. Para ello, como se puede ver, hemos impuesto la condición de que el momento lineal "p" obedezca la fórmula obtenida por De Broglie: $\lambda = h / p$; Se llama entonces a esas expresiones para la Energía y el Momento, operadores cuánticos; En teoría cuántica cada magnitud que se puede observar o medir se asocia con un "operador". Como veremos después toda medición altera la función de onda, pues interacciona con ella originando cambios que no se pueden evitar.: Así, por ejemplo, la medición de $\hat{p}$, opera sobre la función de onda y la altera. La medición implica aplicar el "operador momento" a la función de onda. Una vez que se conoce la forma que debe tener dicho operador en la teoría cuántica, se puede construir con él la ecuación de onda.

En física clásica, la amplitud de una onda ε (x), se relaciona con el número de onda k por la ecuación diferencial:

$$(d^2 \varepsilon / dx^2) + k^2 \varepsilon = 0$$

(Es la ecuación de un "oscilador armónico")

Como en la teoría cuántica "p = ℏ k", y por tanto "k = p / ℏ" la ecuación sería: (expresando la amplitud como: $\psi(x)$, en vez de

$\varepsilon(x)$)

$$(d^2 \Psi / dx^2) + (\hat{p}^2 / \hbar^2) \Psi = 0$$

y como $\hat{p}^2 = 2m(\widehat{H} - V)$, sustituyendo obtenemos:

$$(d^2 \Psi / dx^2) + (2m / \hbar^2)\widehat{H}\Psi = 0$$

que, pasando términos de un miembro a otro, se puede escribir en la forma:

$$\widehat{H}\Psi = -(\hbar^2 / 2m)(d^2 \Psi / dx^2) + V$$

Así obtuvo una ecuación de onda que daba los valores correctos para la energía del electrón.

Schrödinger consideraba el electrón como una onda estacionaria alrededor del núcleo atómico, solo a distancias determinadas para permitir ondas estables de De Broglie.

Sin embargo, si el electrón era una onda ¿cómo explicar que apareciese como un punto localizado en la pantalla detectora, como si se tratase de una partícula?. Ahora el electrón presentaba las mismas características paradójicas que la luz: Había que considerarla como una onda electromagnética para explicar los fenómenos de interferencia y sin embargo parecía tener características de partícula localizada (fotón) al explicar el efecto fotoeléctrico. Además se descubrió que el electrón daba lugar efectivamente a fenómenos de difracción, como si de una onda se tratase. ¿Cómo explicar esta dualidad onda-partícula en la luz y en la materia?.

El principio de indeterminación y las ondas de probabilidad

Las diferentes formulaciones de la mecánica cuántica arrojaban los mismos resultados correctos sobre los valores de la energía del átomo. Sin embargo, sus diferencias conceptuales eran patentes. Dirac demostró que la mecánica matricial y la mecánica ondulatoria eran matemáticamente equivalentes (Las soluciones que satisfacen la ecuación de onda de Schrödinger equivalen a los números tabulados en las matrices de Heisenberg). Como resultado de esto, es posible, como se suele hacer hoy, explicar la mecánica cuántica con resultados tomados de los dos esquemas.

Después de quedar establecida la mecánica cuántica, Heisenberg pensó en el significado físico que podría tener la relación mecano-cuántica fundamental:

$$p\,q - q\,p = h\,/\,2\pi\,i$$

Imaginó un experimento mental en el que se preparase un dispositivo para medir la posición, la coordenada del electrón. Para poder "ver" donde está habría que iluminarlo, pero entonces el impacto del fotón de luz alteraría su velocidad o momento. Si intentáramos entonces reducir lo más posible el efecto del impacto podríamos iluminarlo con un fotón menos energético, de frecuencia menor. Pero eso significaría luz de mayor longitud de onda, y la posición no quedaría muy bien determinada. En cambio conoceríamos mejor su momento, porque la velocidad no resultaría tan alterada. De modo que no podemos conocer "al mismo tiempo" el valor exacto de ambas variables, con una precisión arbitraria. La medición de una altera el valor de la otra. Por este motivo, el orden en que se efectúan las mediciones altera el valor del resultado, y p.q no puede ser igual a q.p. Sin embargo es fácil comprender que esto no es simplemente una limitación experimental, que pudiera ser resuelta de alguna manera, sino una auténtica norma de funcionamiento o ley de la naturaleza. Sería más exacto decir que el electrón (y por extensión cualquier partícula), no tiene al mismo tiempo posición y momento, son magnitudes observables que no existen al mismo tiempo, no se manifiestan en el mundo de nuestras experiencias. Es oportuno señalar, a este respecto, que el principio de indeterminación fue descubierto después de establecer las leyes de la mecánica cuántica, leyes de la naturaleza que se remontan a la explicación de la radiación de cuerpo negro, la posterior explicación del efecto fotoeléctrico, y todo lo demás que hemos visto.

Esta indeterminación inherente al comportamiento del mundo físico, impone, como es lógico, limitaciones a lo que podemos decir sobre él. Por ejemplo, ya no podemos decir con certeza: "el electrón está aquí y se mueve a esta velocidad". Solo podremos afirmar que existe cierta probabilidad de que el electrón impacte en un punto de la pantalla detectora. Solo cuando lo haga sabremos la posición del electrón. Habremos efectuado, por decirlo así, una medida que alterará su momento. Antes de eso la posición del electrón estará tan indeterminada que solo podremos decir que podríamos encontrarlo en una región extendida del espacio, como si de una onda se tratase.

Max Born propuso que la intensidad de la onda en cada punto nos indica cuanta probabilidad hay de encontrarlo allí. Donde la onda es más intensa hay más probabilidad de encontrarlo.

En la nueva teoría cuántica, el electrón deja de ser considerado como partícula o como onda. Más bien es como un conjunto de valores de ciertas variables que resultan de nuestras posibilidades de medición o percepción. El electrón ya no se considera como una pequeña esfera. Según los físicos, una "partícula elemental" no es una "cosa" en su sentido habitual. Es más bien un "conjunto de relaciones", una manifestación de energía que según la manera en que nos relacionemos con ella, al medir o percibir, puede presentar determinados valores de variables a las que llamamos "masa", "carga", "espín" (giro), etc.

Las fórmulas de la teoría cuántica determinan el "conjunto de relaciones" posibles que se pueden dar en el mundo físico.

EL ELECTRÓN RELATIVISTA DE DIRAC Y EL PRINCIPIO DE EXCLUSIÓN

La mecánica cuántica se ha conseguido fusionar con la relatividad especial en lo que se conoce como "electrodinámica cuántica". En el espacio cuatridimensional de la relatividad son posibles más "giros" o "transformaciones" que en el tridimensional.

Esto da lugar a más niveles de energía; concretamente aparecen los valores que se necesitan para incluir el desdoblamiento de niveles de energía debido al espín del electrón. El "espín" del electrón aparece así automáticamente en la teoría cuántica relativista. Otra consecuencia de esa ampliación de la "geometría" es la predicción de la antipartícula del electrón (el positrón, o electrón positivo). Las antipartículas han sido detectadas posteriormente y forman la antimateria. Si se junta materia con antimateria ambas desaparecen y se convierten en energía pura (fotones).

Además esta descripción unificada de las interacciones entre electrones y fotones, teniendo en cuenta tanto la relatividad especial como la teoría cuántica, hace necesario un cambio de signo clave, que conduce a que los electrones cumplan el "principio de exclusión", que Pauli había introducido para explicar la Tabla periódica; en la fórmula relativista que relaciona la energía con el momento, la energía aparece elevada al cuadrado, de modo que al efectuar la raíz cuadrada da dos valores posibles, uno positivo y otro negativo; pero en la teoría cuántica hay que incluir en la "función de onda" todas las maneras en que puede ocurrir un proceso, de modo que se incluyen todas las permutaciones entre partículas, permitiendo la teoría , que al hacer los intercambios el signo cambie o permanezca igual; en el caso de partículas de espín semientero, como el electrón, hay cambio de signo y eso garantiza que la energía sea siempre positiva, y también que en la "función de onda" no pueda haber dos electrones con los mismos números cuánticos, o sea, en el mismo estado energético, cumpliéndose así el principio de exclusión.

De modo que aspectos como el espín y el principio de exclusión, que se introdujeron fundamentalmente para concordar con la evidencia experimental, de alguna manera parecen surgir como consecuencia de que las leyes relativistas y cuánticas deben ir juntas.

SUGERENCIAS PARA LECTURAS ADICIONALES

MATEMÁTICAS
PARA LA
RELATIVIDAD
GENERAL, 1

Transformaciones de
coordenadas

Juan Villalba

El "gato de Schrödinger" y el enigma de la Física cuántica

Juan Villalba